Das Tierreich

Eine Zusammenstellung und Kennzeichnung der rezenten Tierformen

Gegründet von der Deutschen Zoologischen Gesellschaft

Im Auftrage der

Preußischen Akademie der Wissenschaften zu Berlin

herausgegeben von

F. E. Schulze (†), W. Kükenthal (†)

fortgesetzt von **K. Heider**, seit 1927 von **R. Hesse**

Schriftleiter: **C. Apstein**

„Πάντα ῥεῖ“ *„Sine systemate chaos“*

---

56. Lieferung

Acarina

Bdellidae, Nicoletiellidae, Cryptognathidae

bearbeitet von

Dr. Sig Thor
Oslo

Mit 93 Abbildungen

Berlin und Leipzig 1931

Walter de Gruyter & Co.

vormals G. J. Göschen'sche Verlagshandlung — J. Guttentag, Verlagsbuchhandlung
Georg Reimer — Karl J. Trübner — Veit & Comp.

Ausgegeben Juli 1931

Druck: August Hopfer, Burg b. M.

Inhalt

Die Literatur wurde bis Anfang 1930 berücksichtigt.

Literatur-Kürzungen

Adams, Ess. Micr. — Essays on the Microscope . . . by the late George Adams. 2. Edition with considerable Additions and Improvements by Frederick Kanmacher. London. 1798. 4.

Amer. Natural. — The American Naturalist. Salem (Philadelphia) (Boston). 8.

Ann. nat. Hist. — The Annals and Magazine of natural History, including Zoology, Botany, and Geology. London. 8.

Ann. Sci. nat. — Annales des Sciences naturelles. — [Sér. 2—4:] Zoologie ([Sér. 5 & sequ.:] Zoologie et Paléontologie). Paris. 8.

Ann. Soc. ent. France — Annales de la Société entomologique de France. Paris. 8.

Annuaire Mus. Leningrad — Annuaire du Musée zoologique de l'Académie Impériale des Sciences de Leningrad. Leningrad. 8.

Arch. Dorpat. Ges. — Archiv für Naturkunde Liv-, Ehst- und Kurlands. Hrsg. von der Dorpater Naturforscher-Gesellschaft. — 2. Serie, Biologische Naturkunde. Dorpat (Jurjew). 8. — 1. Serie, Mineralogische Wissenschaften etc.

Arch. Naturg. — Archiv für Naturgeschichte. Berlin. 8.

Atti Ist. Veneto — Atti |[ser. 1—3:] delle Adunanze| del Reale Istituto Veneto di Scienze, Lettere ed Arti. Venezia. 8 & 4.

Atti Soc. Veneto-Trent. — Atti della Società Veneto-Trentina di Scienze naturali, residente in Padova. Padova. 8.

Berlese, Acarotheca Ital. — Acarotheca Italica, species exhibens repraesentantes genera in Italia magis communia . . . Fasc. 1. Firenze. 1913. 12.

Berlese, A. M. S. — Antonii Berlesii, Acari, Myriopoda et Scorpiones hucusque in Italia reperta. Fasc. 1—101. Patavii, Portici. 1882—1903. 8.

Berlin. ent. Z. — Berliner entomologische Zeitschrift. Berlin. 8.

Bibl. zool. — Bibliotheca zoologica. Original-Abhandlungen aus dem Gesammtgebiete der Zoologie. Cassel, Stuttgart. 4. [sequ.: *Zool.*]

Bih. Svenska Ak. — Bihang till Kongl. Svenska Vetenskaps-Akademiens Handlingar. — Afdelning 4, Zoologi. Stockholm. 8.

Biol. Centr.-Amer. — Biologia Centrali-Americana; or, Contributions to the Knowledge of the Fauna and Flora of Mexico and Central-America. Edited by F. Ducane Godman |and Osbert Salvin|. London. 4.

Brookes, N. Syst. nat. Hist. — Richard Brookes, A new and accurate System of natural History. *v.* 1—6. London. 1763. 12.

Bull. Amer. Mus. — Bulletin of the American Museum of natural History. New York. 8.

Bull. Mus. Paris — Bulletin du Muséum d'Histoire naturelle. Paris. 8.

Bull Soc. ent. Ital. — Bullettino della Società entomologica Italiana. Firenze. 8.

Bull. Soc. Veneto-Trent. — Bullettino della Società Veneto-Trentina di Scienze naturali. Padova. 8.

Bull. Wisconsin Soc. — Bulletin of the Wisconsin natural History Society. Milwaukee. Wisconsin. 8.

Canad. Ent. — The Canadian Entomologist. Toronto (London). 8.

Chenaye des Bois, Dict. rais. — Dictionnaire raisonné et universel des Animaux ou du Règne animal, consistant en Quadrupedes, Cétacées, Oiseaux, Reptiles, Poissons, Insectes, Vers, Zoophytes ou Plantes animales; leurs propriétés en médecine, la classe, la famille, ou l'ordre, le genre, l'espèce avec ses variétés, où chaque animal est rangé suivant les différentes méthodes ou nouveaux systèmes des Messieurs Linnaeus, Klein et Brisson etc. Ouvrage composé d'après ce qu'ont écrit les naturalistes anciens et modernes, les historiens et les voyageurs etc. par De la Chenaye des Bois. 4 Tom. Paris. 1759 (et 1770). 4.

CR. Ac. Sci. — Comptes rendus hebdomadaires des Séances de l'Académie des Sciences. Paris. 4.

Cuvier, Règne an. — Le Règne animal distribué d'après son Organisation, pour servir de Base à l'Histoire naturelle des Animaux et d'Introduction à l'Anatomie comparée. Par [Georges] Cuvier. Tom 1—4. Paris. 1817. 8.

Cuvier, Règne an., ed. 2 — Le Règne animal distribué d'après son Organisation, pour servir de Base à l'Histoire naturelle des Animaux et d'Introduction à l'Anatomie comparée. Par [Georges] Cuvier. Nouvelle Édition, revue et augmentée. [Tom. 4 & 5:] Par [Pierre André] Latreille. Tom. 1—5. Paris. 1829, 29, 30, 29, 29. 8.

Danmark-Eksp. Grønl. — Danmark-Ekspeditionen til Grønlands Nordøstkyst 1906—1908. København. 8.

Donnadieu, Rech. Tétranyques — A. L. Donnadieu, Recherches pour servir à l'Histoire des Tétranyques. Lyon. 1875. 8. [& in: *Ann. Soc. Linn. Lyon*, n. ser. *v.* 22, 1876.]

Enc. méth. — Encyclopédie méthodique, ou par Ordre de Matières; par une Société de Gens de Lettres, de Savant et d'Artistes. — Histoire naturelle. Tom. 4—10: Insectes (Entomologie). Paris, Liège (Paris). 1789, 90, 91, 92, 1811 (& 1812 VII], 19 [& 1824 VII], 25 [& 1828][1]). 4.

Ent. Ber. Nederl. Ver. — Entomologische Berichten uitgegeven door de Nederlandsche entomologische Vereeniging. s'Gravenhage. 8.

Ent. Mt. — Entomologische Mitteilungen. Herausgegeben vom Verein zur Förderung des Deutschen Entomologischen Museums. Berlin-Dahlem. 8.

Ent. Tidskr. — Entomologisk Tidskrift. På Föranstaltande af entomologiska Föreningen i Stockholm. Stockholm. 8.

Ergeb. Hamburg. Magalh. Sammelr. — Ergebnisse der Hamburger Magalhaensischen Sammelreise 1892/93. Herausgegeben vom Naturhistorischen Museum zu Hamburg. *v.* 1—8. Hamburg. 1896—1907. 8.

Ergeb. Schwed. Südp.-Exp. — Wissenschaftliche Ergebnisse der Schwedischen Südpolar-Expedition 1901—1903 unter Leitung von Otto Nordenskjöld. Stockholm. 4.

Fabricius, Ent. syst. — Joh. Christ. Fabricii Entomologia systematica emendata et aucta. Secundum Classes, Ordines, Genera, Species adjectis Synonimis, Locis. Observationibus, Descriptionibus. Tom. 1—4. [Cum Ind.:] Index alphabeticus in J. C. Fabricii Entomologiam systematicam, emendatam et auctam, Ordines, Genera et Species continens. [Cum Suppl.:] Joh. Christ. Fabricii Supplementum Entomologiae systematicae. [Cum Ind. Suppl.:] Index alphabeticus in J. C. Fabricii Supplementum Entomologiae systematicae, Ordines, Genera et Species continens. Hafniae. 1792, 93, 93/94, 94; 96; 98; 99. 8.

Fabricius, Fauna Groenl. — Fauna Groenlandica, systematice sistens Animalia Groenlandiae occidentalis hactenus indagata, . . . secundum proprias Observationes Othonis Fabricii. Hafniae et Lipsiae. 1780. 8.

Fabricius, Mant. Ins. — Ioh. Christ. Fabricii Mantissa Insectorum sistens eorum Species nuper detectas adiectis Characteribus genericis, Differentiis specificis, Emendationibus, Observationibus. Tom. 1, 2. Hafniae. 1787. 8.

Fabricius, Reise Norweg. — Johann Christian Fabricius Reise nach Norwegen mit Bemerkungen aus der Naturhistorie und Oekonomie. Hamburg. 1779. 8.

Fabricius, Spec. Ins. — Ioh. Christ. Fabricii Species Insectorum exhibentes eorum Differentias specificas, Synonyma Auctorum, Loca natalia, Metamorphosin adiectis Observationibus, Descriptionibus. Tom. 1, 2. Hamburgi et Kilonii. 1781. 8.

---

[1]) Cfr.: C. Davies Sherborn & B. B. Woodward in: P. zool. Soc. London, 1893 p. 583 & 1899 p. 595.

Fabricius, Syst. Ent. — Io. Christ. Fabricii Systema Entomologiae, sistens Insectorum Classes, Ordines, Genera, Species, adiectis Synonymis, Locis, Descriptionibus, Observationibus. Flensburgi et Lipsiae. 1775. 8.

Fauna arct. — Fauna arctica. Eine Zusammenstellung der arktischen Tierformen mit besonderer Berücksichtigung des Spitzbergen-Gebietes auf Grund der Ergebnisse der Deutschen Expedition in das Nördliche Eismeer im Jahre 1898. Unter Mitwirkung zahlreicher Fachgenossen herausgegeben von Fritz Römer und Fritz Schaudinn. Nach ihrem Tode fortgesetzt von August Brauer. Jena. 4.

Fürstenberg, Krätzm. — Die Krätzmilben der Menschen und Thiere von M. H. F. Fürstenberg. Leipzig. 1861. 2.

Geoffroy, Hist. Ins. — Histoire abrégée des Insectes, qui se trouvent aux Environs de Paris; dans laquelle ces Animaux sont rangés suivant un Ordre méthodique. [Auctor: Etienne Louis Geoffroy.] Tome 1, 2. Paris. 1762. 4.

Glahn, Anmärkn. Crantz. Hist. Grönl. — Anmärkningar over de tre förste Böger af Davis Crantzes Historie om Grönland. Kjöbenhavn. 1771. 8.

Glasnik Naravosl. družt. — Glasnik hrvatskoga Naravoslovnoga družtva [Societas historico-naturalis Croatica]. Zagreb. 8.

Gmelin, Gen. Syst. Nat. — A general System of Nature, through the three grand Kingdoms of Animals, Vegetables und Minerals. Translated from Gmelin's last Edition of the celebrated Systema Naturae by Sir Charles Linné. Amended and enlarged by the Improvements and Discoveries of later Naturalists and Societies, with appropriate Copper-Plates, by William Turton. — Vol. 1—4. London. 1802. 8.

Gmelin-Linné, Syst. Nat., ed. 13 — Caroli a Linné Systema Naturae per Regna tria Naturae, secundum Classes, Ordines, Genera, Species, cum Characteribus, Differentiis, Synonymis, Locis. Editio XIII, aucta, reformata. Cura Jo. Frid. Gmelin. — Tomus I. Pars 1—7. Lipsiae. 1788 [Pars 6 & 7: 1791, 92]. 8.

Guérin-Méneville, Iconogr. Règne an. — Iconographie du Règne animal de G. Cuvier, ou Représentation d'après Nature de l'une des Espèces les plus remarquables et souvent non encore figurées, de chaque Genre d'Animaux. Avec un Texte descriptif mis au Courant de la Science. Par F. E. Guérin-Méneville. Tom. 1—3. Paris, Londres. 1829—44. 4 (& 8). Text 1844.

Hammer, Fauna Norveg. — Fauna Norvegica eller Norsk Dyr-Rige. Ved Christopher Hammer. Kjøbenhavn. 1775. 8.

Hammer, Forsøg Norsk Nat.-Hist. — Forsøg til en Norsk Natur-Historie ved Christopher Hammer. *v.* 1, 2. Kiøbenhaven. 1775, 78. 8.

Hasselquist, Reise Paläst. — Fred. Hasselquist, Reise nach Palästina in den Jahren 1740—52. Herausgegeben von C. Linnaeus. Aus dem Schwedischen von Th. H. Gadebusch. Rostock. 1762. 8.

Hermann, Mém. apt. — Mémoire aptérologique, par Jean-Fréderic Hermann. Ouvrage couronné en 1790 par la Société d'Histoire naturelle de Paris. Publié par Fréderic-Louis Hammer. Strasbourg. 1804. 2.

Herrmannsen, Indicis Gen. Malac. Suppl. — Indicis Generum Malacozoorum Supplementa et Corrigenda. Auctore A. N. Herrmannsen. Cassellis, London, Paris. 1852 XII. 8.

Hill, Gen. nat. Hist. — A general natural History: or new and accurate Descriptions of the Animals, Vegetables and Minerals of the various Parts of the World; with their Virtues and Uses, in Medicine and Mechanics: illustrated by a general Review of the Knowledge of the Ancients; and the Improvements and Discoveries of later Ages in these Studies. By John Hill. *v.* 1—3. London. 1752. 2. — ed. 2 *v.* 1—3. 1773. London. 2.

Hist. Berwicksh. Club — History of the Berwickshire Naturalists' Club. Berwick, Alnwick. 8.

Hoeven, Handb. Zool. — Handbuch der Zoologie. Von J. van der Hoeven. Nach der 2. Holländischen Ausgabe. *v.* 1, 2. Leipzig. 1850, 52—56. 8.

Houttuyn, Natuurl. Hist. — Natuurlyke Historie of uitvoerige Beschryving der Dieren, Planten en Mineraalen, volgens het Samenstel van den Heer Linnaeus. [scrips. M. Houttuyn]. 3 Deelen. Amsterdam. 1761—1785. 1. Deel. Dieren. 18 Stuk. Amsterdam. 1761—1773. 8.

Hübner, Verz. Schmett. — Verzeichniß bekannter Schmettlinge verfaßt von Jacob Hübner. Augsburg. 1816[—26]. 8.

Institut — L'Institut. Journal général des Sociétés et Travaux scientifiques de la France et de l'Étranger (Journal universel des Sciences et des Sociétés savantes en France et à l'Étranger). — I. Section. Sciences mathématiques, physiques et naturelles. Paris. 4.

Isis — Isis |Encyklopädische Zeitschrift, vorzüglich für Naturgeschichte, vergleichende Anatomie und Physiologie| von [Lorenz von] Oken. Leipzig. 4.

J. Ac. Philad. — Journal of the Academy of natural Sciences of Philadelphia. Philadelphia. 8 (4).

Jahresh. Ver. Württemb. — Jahreshefte des Vereins für vaterländische Naturkunde in Württemberg. Stuttgart. 8.

J. Anat. Physiol. Paris — Journal de l'Anatomie et de la Physiologie normales et pathologiques de l'Homme et des Animaux. Publié par Ch. Robin, G. Pouchet, M. Duval, ... Paris. 8.

J. Ecology — Journal of Ecology. Cambridge. 8.

J. Ent. Zool. — Journal of Entomology and Zoology. Claremont. 8.

Jordan, Fur Seals — The Fur Seals and Fur Seal Islands of the North Pacific Ocean ... By D. S. Jordan ... With special Papers by other Contributors. *v.* 1—4. Washington. 1898, 99. 8.

J. post. micr. Soc. — The Journal of the postal microscopical Society. London & Bath. 8.

J. Quekett Club — The Journal of the Quekett microscopical Club. London. 8.

Koch, C. M. A. — Deutschlands Crustaceen, Myriapoden und Arachniden. Ein Beitrag zur Deutschen Fauna von C. L. Koch. Heft 1—40. Regensburg. [1835—44] 16. [= C. L. Koch in: Panzer (Herrich Schäffer), Faun. Ins. Germ., Heft 132 etc.]

Koch, Übers. Arach. — Übersicht des Arachnidensystems von C. L. Koch. Heft 1—5. Nürnberg. 1837, 39, 42, 47, 50. 8.

Krünitz, Ökon.-technol. Enc. — D. Johann Georg Krünitz's ökonomisch-technologische Encyklopädie oder allgemeines System der Staats-, Stadt-, Haus- und Landwirtschaft und der Kunstgeschichte, in alphabetischer Ordnung. Zuerst fortgesetzt von Friedrich Jacob Floerken, nunmehr von Heinrich Gustav Flörke. Berlin. 8.

Lamarck, Hist. An. s. Vert. — Histoire naturelle des Animaux sans Vertèbres, présentant les Caractères généraux et particuliers de ces Animaux, ...; précédée d'une Introduction ... Par [Jean Baptiste] de Lamarck. Tom. 1—5, 6 I & II, 7. Paris. 1815 III, 16 III, 16 VIII, 17 III, 18 VII, 19 II—VI, 22 IV, 22 VIII. 8.

Lamarck, Hist. An. s. Vert., ed. 2 — Histoire naturelle des Animaux sans Vertèbres, présentant les Caractères généraux et particuliers de ces Animaux ...; précédée d'une Introduction ... Par J. B. P. A. de Lamarck. 2. Édition. Revue et augmentée de Notes présentant les Faits nouveaux dont la Science s'est enrichie jusqu'a ce Jour; par G. P. Deshayes et H. Milne Edwards. Tom. 1—11. Paris. 1835—45. 8.

Lamarck, Syst. An. s. Vert. — Système des Animaux sans Vertèbres, ou Tableau général des Classes, des Ordres et des Genres de ces Animaux. Par J. B. Lamarck. Paris. 1801. 8.

Latreille, Gen. Crust. Ins. — P. A. Latreille Genera Crustaceorum et Insectorum secundum Ordinem naturalem in Familias disposita, Iconibus Exemplisque plurimis explicata. Tom. 1—4. Parisiis et Argentorati. 1806, 07, 07, 09. 8.

Latreille, Précis Caract. Ins. — Précis des Caractères génériques des Insectes, disposés dans un Ordre naturel. Par [Pierre André] Latreille. Paris. V [1796]. 8.

Lederer, Noctuin. Eur. — Julius Lederer, Die Noctuinen Europas, mit Zuziehung einiger bisher meist dazu gezählten Arten des Asiatischen Rußlands, Kleinasiens, Syriens und Labradors. Wien. 1857. 8.

Linné, Fauna Svec. — Caroli Linnaei, Fauna Svecica sistens Animalia Sveciae Regni. Stockholmiae (Lugduni Batavorum). 1746. 8.

Linné, Fauna Svec., ed. 2 — Caroli Linnaei Fauna Svecica sistens Animalia Sveciae Regni: Mammalia, Aves, Amphibia, Pisces, Insecta, Vermes. Distributa per Classes & Ordines, Genera & Species, cum Differentiis Specierum, Synonymis Auctorum, Nominibus Incolarum, Locis Natalium, Descriptionibus Insectorum. Editio altera, auctior. Stockholmiae. 1761. 8.

Linné, Öländska Resa — Öländska och Gothländska Resa pä Riksens Högloflige Ständers befallning förrättad år 1741 med Anmärkningar uti oeconomien, Natural Historien Antiquiteter. Stockholm & Upsala. 1745. 8.

Linné, Syst. Nat., ed. 10 — Caroli Linnaei Systema Naturae per Regna tria Naturae, secundum Classes, Ordines, Genera, Species, cum Characteribus, Differentiis, Synonymis, Locis. Editio X, reformata. — Tomus I. Holmiae. 1758. 8.

Mag. enc. — Magasin encyclopédique, ou Journal des Sciences, des Lettres et des Arts. Rédigé par Millin, Noel et Warens. Paris. 8.

Mag. nat. Hist. — The Magazine of natural History, and Journal of Zoology, Botany, Mineralogy, Geology, and Meteorology. London. 8.

Math. naturw. Ber. Ungarn — Mathematische und naturwissenschaftliche Berichte aus Ungarn. Budapest, Berlin. 8.

Math. términész. Közlem. — Mathematikai és természettudományi Közlemények vonatkozólag a hazai viszonyokra. Kiadja a Magyar Tudományos Akadémia mathematikai és természettudományi állandó bizottsága. [Mathematische und naturwissenschaftliche Mitteilungen über vaterländische Themata. Veröffentlicht von der Magyarischen Akademie der Naturwissenschaften.] Pesten (Budapest). 8.

Mém. Ac. St.-Pétersb. — Mémoires de l'Académie Impériale des Sciences de St.-Pétersbourg. — [Sér. 6:] Sciences mathématiques, physiques et naturelles. St.-Pétersbourg. 4.

Mém. Soc. Cherbourg — Mémoires de la Société |Impériale| |nationale| des Sciences naturelles |et mathématiques| de Cherbourg. Cherbourg, Paris. 8.

Michael, Brit. Orib. — A. D. Michael, British Oribatidae. *v.* 1, 2. London. (Ray Society). 1884, 88. 8.

Middendorff, Reise Sibir. — Reise in den äussersten Norden und Osten Sibiriens während der Jahre 1843 und 1844 mit allerhöchster Genehmigung auf Veranstaltung der Kaiserlichen Akademie der Wissenschaften zu St. Petersburg ausgeführt und in Verbindung mit vielen Gelehrten herausgegeben von A. Th. v. Middendorff. — Band 2. Zoologie. Theil I, II. St. Petersburg. 1851, 53. 4.

Müller, Naturs. Linné — Des Ritters Carl von Linné vollständiges Natursystem nach der zwölften lateinischen Ausgabe |und nach Anleitung des Holländischen Houttuynischen Werks| mit einer ausführlichen Erklärung ausgefertigt von Philipp Ludwig Statius Müller. Theil 1—4, 5 I & II, 6 I & II; Supplement- und Register-Band. Nürnberg. 1773, 73, 74, 74, 74, 75, 75, 75; 89 (76). 8.

Müller, Zool. Dan. Prodr. — Zoologiae Danicae Prodromus, seu Animalium Daniae et Norvegiae indigenarum Characteres, Nomina, et Synonyma imprimis popularium. Auctore Othone Friderico Müller. Havniae. 1776. 8.

Murray, Econ. Ent. Apt. — Economic Entomology, by Andrew Murray. Aptera. South Kensington Museum. Science Handbooks. London. 1877. 8.

Nares, Voy. Polar Sea — Narrative of a Voyage to the Polar Sea during 1875—76 in H. M. Ships 'Alert' and 'Discovery' by G. S. Nares. With Notes on the natural History, edited by H. W. Feilden. Vol. 1, 2. London. 1878. 8.

Naturalist London — The Naturalist. Leeds and London. 8.

Naturw. Unters. Sarekgebirg. — Naturwissenschaftliche Untersuchungen des Sarekgebirges in Schwedisch-Lappland geleitet von Axel Hamberg. Stockholm. 4.

N. Mag. Naturv. — Nyt Magazin for Naturvidenskaberne. Christiania. 8.

Öfv. Ak. Förh. — Öfversigt af Kongliga Vetenskaps-Akademiens Förhandlingar. Stockholm. 8.

Olafsen & Povelsen, Reise Island — Vice-Lavmand Eggert Olafsens Land-Physici Biarne Povelsens Reise igiennem Island, foranstaltet af Videnskabernes Sælskab i Kiøbenhavn og beskreven af forbemeldte Eggert Olafsen med dertil hørende 51 Kobberstøkker og et nyt forfærdiget Kart over Island. *v.* 1. Soroe. 1772. 4.

P. Calif. Ac. — Proceedings of the California Academy of |natural| Sciences. — [Ser. 3:] Zoology. San Francisco. 8.

Perrier, Traité Zool. — Traité de Zoologie. Par Edmond Perrier. *v.* 1—5. Paris. 1893—1903. 8.

P. Irish Ac. — Proceedings of the Royal Irish Academy. — [Ser. 2:] Science. Dublin. 8.

P. U. S. Mus. — Proceedings of the United States national Museum. Washington. 8.

P. zool. Soc. London — Proceedings of the zoological Society of London. London. 8.

Redia — „Redia". Giornale di Entomologia pubblicato dalla R. Stazione di Entomologia agraria in Firenze. Firenze. 8.

Rep. Results Exp. Novaya Zemlya — Report of the scientific Results of the Norwegian Expedition to Novaya Zemlya 1921. Edited by Olaf Holtedahl. Kristiania (Oslo). 8.

Rep. U. S. Fish Comm. — United States Commission of Fish and Fisheries. Report of the Commissioner. Washington. 8.

Results Swed. Exp. Egypt — Results of the Swedish zoological Expedition to Egypt and the White Nile 1901. Under the Direction of L. A. Jägerskiöld. *v.* 1—4. Upsala. 1904—1911. 8.

Rev. biol. Nord France — Revue biologique du Nord de la France. Lille. 8.

Rev. Sci. nat. Ouest — Revue des Sciences naturelles de l'Ouest. Paris. 8.

Schinz—Cuvier, Thierr. — Das Thierreich eingetheilt nach dem Bau der Thiere als Grundlage ihrer Naturgeschichte und der vergleichenden Anatomie von dem Herrn Ritter von Cuvier. Aus dem Französischen frey übersetzt und mit vielen Zusätzen versehen von H. R. Schinz. Band 1—4. Stuttgart und Tübingen. 1821, 22, 23, 25. 8.

Schrank, Beytr. Naturg. — Franz v. Paula Schrank, Beyträge zur Naturgeschichte. Augsburg. 1776. 8.

Schrank, Enum. Ins. Austr. — Francisci de Paula Schrank, Enumeratio Insectorum Austriae indigenorum. Augustae Vindelicorum. 1781. 8.

Skr. Naturh.-Selsk. — Skrivter af Naturhistorie-Selskabet. Kiøbenhavn. 8.

Skr. Svalbard Ishav. — Skrifter om Svalbard og Ishavet. Norges Svalbard-og Ishavs-Undersøkelser det kongelige Departement for Handel, Sjøfart, Industri, Håndverk og Fiskeri. Oslo. 8.

Ström, Beskr. Söndmör — Physisk og Oekonomisk Beskrivelse over Fogderiet Søndmør, beliggende i Bergens Stift i Norge. Hans Strøm. *v.* 1, 2. Soroe. 1762, 66. 4.

Sundevall, Consp. Arach. — Conspectus Arachnidum, qvem . . . p. p. C. J. Sundevall, . . . die XXIV Aprilis 1833. Londini Gothorum. 1833. 8.

Sutherland, J. Voy. Baffin's Bay — Journal of a Voyage in Baffin's Bay and Barrow Straits, in the Years 1850—51, performed by H. M. Ships Lady Franklin and Sophia under the Command of M. William Penny, . . . Vol. 1, 2. Appendix. London. 1852. 8.

Svenska Ak. Handl. — Kongliga Svenska Vetenskaps-Akademiens Handlingar. Stockholm. 8 (4).

Taschenberg, Bibl. zool. Verz. — Bibliotheca zoologica II. Verzeichnis der Schriften über Zoologie . . . bearbeitet von O. Taschenberg. Leipzig. 8.

Tierreich — Das Tierreich. Gegründet von der Deutschen Zoologischen Gesellschaft. Herausgegeben von der Preußischen Akademie der Wissenschaften zu Berlin. Berlin. 8.

Tierw. Mitteleur. — Die Tierwelt Mitteleuropas. Herausgegeben von P. Brohmer, P. Ehrmann, G. Ulmer. Leipzig. 8.

Tijdschr. Ent. — Tijdschrift voor Entomologie. Uitgegeven door de Nederlandsche entomologische Vereeniging. Leiden, ... 8.

Tijdschr. Nederl. dierk. Ver. — Tijdschrift der Nederlandsche dierkundige Vereeniging. s'Gravenhage (Rotterdam) (Leiden). 8.

Tr. Amer. ent. Soc. — Transactions of the American entomological Society. Philadelphia. 8.

Treubia — Treubia. Recueil de Travaux zoologiques, hydrobiologiques et océanographiques rédigé par W. M. Doctors van Leeuwen, K. W. Dammerman et A. L. J. Sunier. Department van Landbouw, Nijverheid en Handel. „S Lands Plantentuin.“ |Instituts scientifiques de Buitenzorg|. Weltenvreden —. Batavia. 8.

Tr. Linn. Soc. London — The Transactions of the Linnean Society of London. — [Ser. 2:] Zoology. London. 4.

Tr. nat. Hist. Soc. Northumb. — Transactions of the natural History Society of Northumberland, Durham, and Newcastle-upon-Tyne. Newcastle and London. 4.

Valmont de Bomare, Dict. rais. — J. C. Valmont de Bomare, Dictionnaire raisonné universel d'Histoire naturelle, contenant l'Histoire des Animaux, des Végétaux et des Minéraux . . . des Météores . . . 5 *v.* Paris. 1765 [1764]. 8. n. ed. *v.* . . .: 1768. — ed. 2 [= ed. 3] *v.* . . .: 1775. — ed. 4 *v.* 1—8: 1791. Lyon. 4.

Vega-Exp. — Vega-Expeditionens vetenskapliga Jakttagelser. Bearbetade af Deltagare i Resan och andra Forskare, utgifna af A. E. Nordenskiöld. Bandet 1—5. Stockholm. 1882, 83, 83, 87, 87. 8.

Verh. Ges. Basel — Verhandlungen der naturforschenden Gesellschaft in Basel. Basel. 8.

Verh. Ges. Wien — Verhandlungen der kaiserlich-königlichen zoologisch-botanischen Gesellschaft in Wien. Wien. 8.

Villers, Linn. Ent. — Caroli Linnaei Entomologia. Faunae Suecicae Descriptionibus aucta; D. D. Scopoli, Geoffroy, De Geer, Fabricii, Schrank, etc. Speciebus vel in Systemate non enumeratis, vel nuperrime detectis, vel Speciebus Galliae australis locupletata, Generum Specierumque rariorum Iconibus ornata, curante et augente Carolo de Villers. Tom. 1—4. Lugduni. 1789. 8.

Walckenaer, Faune Paris. — Faune Parisienne, Insectes. Ou Histoire abrégée des Insectes des Environs de Paris, classés d'après le Système de Fabricius; précédée d'un Discours sur les Insectes en général, pour servir d'Introduction à l'Étude de l'Entomologie; par C. A. Walckenaer. Tom 1, 2. Paris. 1802. 8.

Walckenaer (& Gervais), Hist. Apt. — Histoire naturelle des Insectes. Aptères. Par [Charles Athanasie de] Walckenaer. [Tome 3:] Par Paul Gervais. [Tome 4:] Par Walckenaer et Paul Gervais. Tome 1—4; Atlas. Paris. 1837, 37, 44, 47. 8.

Yeats, Inst. Ent. — Institutions of Entomology; being a Translation of Linnaeus's Ordines et Genera Insectorum, or systematic Arrangement of Insects collated with the different System of Geoffroy, Schaeffer, and Scopoli, together with Observations of the Translator by Thom. Pattinson Yeats. London. 1773. 8.

Z. Naturw. — Zeitschrift für Naturwissenschaften ([Band 1—64:] Zeitschrift für die gesammten Naturwissenschaften). Halle (Berlin) (Leipzig). 8.

Zool. Anz. — Zoologischer Anzeiger. Leipzig. 8.

Zool. Rec. — The zoological Record. London. 8.

Systematischer Index

1. Fam. **Bdellidae**

1758 *Acarus* (part.), Linné, Syst. Nat., ed. 10 p. 615 | 1762 *Chelifer* (part.), L. Geoffroy, Hist. Ins., *v.* 2 p. 618 | 1762 *Aca*[illegible] (part.), Ström, Beskr. Söndmör, *v.* 1 p. 196 | 1772 *A.* (part.), Olafsen & Povelsen, Reise Island, *v.* 1 p. 607 | 1775 *A.*, J. C. Fabricius, Syst. Ent., p. 813 | 1775 *A.*, Hammer, Forsøg Norsk Nat.-Hist., *v.* 1 p. 158 | 1776 *A.*, O. F. Müller, Zool. Dan. Prodr., p. 187 | 1779 *A.*, J. C. Fabricius, Reise Norweg., p. 264 | 1780 *A.*, O. Fabricius, Fauna Groenl., . 224 | 1795 *Bdella*, Latreille in: Mag. enc., *v.* 4 p. 18 | 1796 *B.*, Latreille, Précis Caract. Ins., p. 180 | 1804 *Scirus*, J. F. Hermann, Mém. apt., p. 60 | 1806 *Riciniae* (part.), Latreille, Gen. Crust. Ins., *v.* 1 p. 46, 53 | 1815 *Cheylétides* (part.), Leach in: Tr. Linn. Soc. London, *v.* 11 p. 387 | 1817 Les *Bdelles*, G. Cuvier, Règne an., *v.* 3 p. 120 | 18[illegible]5 *Bdellei*, Schinz-Cuvier, Thierr., *v.* 4 p. 442 | 1826 *Scirus* (part.), C. Heyden in: Isis, p. 608 | 1829 *Riciens* (*Ricinus*), Latreille in: Cuvier, Règne an., ed. 2 *v.* 4 p. 346 | 1833 *Gamasides* (part.), Sundevall, Consp. Arach., p. 36 | 1834 *Bdellei* (= Bdellés), Ant. Dugès in: Ann. Sci. nat., ser. 2 *v.* 1 p. 21, *v.* 2 p. 42 | 1835 *Bdella*, C. L. Koch, C. M. A., fasc. 1 nr. 23 | 1841 *B.* (part.), P. Gervais in: Ann. Sci. nat., ser. 2 *v.* 15 p. 6 | 1842 *Bdellides*, C. L. Koch, Übers. Arach., fasc. 3 p. 73 | 1844 *(Scirridae)* Bdelles, P. Gervais in: Walckenaer, Hist. Apt., *v.* 3 p. 156 | 1850 *Bdellea*, Hoeven, Handb. Zool., *v.* 1 p. 561 | 1851 *Cursoria*, E. Grube in: Middendorff, Reise Sibir., *v.* 2 Teil 1 p. 501 | 1859 *Bdellidae*, E. Grube in: Arch. Dorpat. Ges., ser. 2 *v.* 1 p. 458 | 1861 *B.*, Fürstenberg, Krätzm., p. 208 | 1863 *Bdellides*, Andersén in: Öfv. Ak. Förh., *v.* 20 p. 184 | 1872 *Bdelloidae*, Thorell in: ibid., *v.* 28 p. 698 | 1875 *B.*, C. J. Neuman in: ibid., *v.* 32 p. 104 | 1875 *Sciridés*, Donnadieu, Rech. Tétranyques, p. ? | 1876 *Sciridae*, Mégnin in: J. Anat. Physiol. Paris, *v.* 12 p. 293 | 1876 *Bdellidae*, P. Kramer in: Arch. Naturg., *v.* 42I p. 183, 196 | 1877 *B.*, Andr. Murray, Econ. Ent. Apt., p. 142 | 1879 *Bdelliden*, L. Koch in: Svenska Ak. Handl., n. ser. *v.* 16 nr. 5 p. 131 | 1880 *Bdellidae*, Bertkau in: Arch. Naturg., *v.* 44II p. 353 | 1882 *B.*, G. Haller in: Jahresh. Ver. Württemb., *v.* 38 p. 313 | 1884 *Bdellinae*, A. D. Michael, Brit. Orib., *v.* 1 p. 50 | 1885 *Bdellini*, G. Canestrini in: Atti Ist. Veneto, ser. 6 *v.* 3 p. 1666 | 1885 *Bdellidae*, Ant. Berlese in: Bull. Soc. ent. Ital., *v.* 17 p. 133 | 1891 *B.*, G. Canestrini in: Atti Ist. Veneto, ser. 7 *v.* 2 p. 714 | 1892 *Bdellinae*, Trouessart in: Rev. Sci. nat. Ouest, *v.* 2 p. 325 | 1893 *Bdellidae*, Ant. Berlese, A. M. S., Prost. p. 36 | 1893 *Bdellinae*, E. Perrier, Traité Zool., *v.* 1 p. 1117 | 1894 *Bdellidae*, N. Banks in: Tr. Amer. ent. Soc., *v.* 21 p. 209 | 1895 *B.*, Trouessart in: Mém. Soc. Cherbourg, *v.* 29 p. 203 | 1897 *Bdellei*, A. C. Oudemans in: Tijdschr. Ent., *v.* 40 p. 113 | 1898 *Bdellidae*, R. Lucas in: Arch. Naturg., *v.* 62II p. 720 | 1900 *B.* (part.), Trägårdh in: Bih. Svenska Ak., *v.* 26 nr. 7 p. 8 | 1902 *B.*, Sig Thor in: Verh. Ges. Wien, *v.* 52 p. 159 | 1904 *B.*, Sig Thor in: Zool. Anz., *v.* 28 p. 69 | 1904 *B.*, N. Banks in: P. U. S. Mus., *v.* 28 p. 12, 15 | 1905 *Bdellinae*, Trägårdh in: Fauna arct., *v.* 4 p. 45 | 1906 *Bdellidae*, A. C. Oudemans in: Zool. Anz., *v.* 29 p. 637 | 1909 *B.*, Sig Thor in: Mém. Ac. St.-Pétersb., ser. 8 *v.* 18 nr. 14 p. 6 | 1910 *Bdellinae*, Trägårdh in: Naturw. Unters. Sarekgebirg., *v.* 4 p. 473 | 1918 *B.*, J. E. Hull in: Tr. nat. Hist. Soc. Northumb., n. ser. *v.* 5 p. 37 | 1920 *Bdellidae*, J. N. Halbert in: P. Irish Ac., *v.* 35 p. 141 | 1922 *B.*, Schweizer in: Verh. Ges. Basel, *v.* 33 p. 77 | 1923 *B.*, A. C. Oudemans in: Tijdschr. Ent., *v.* 66 p. 74 | 1927 *B.*, Sig Thor in: Annuaire Mus. Leningrad, *v.* 27 p. 132 | 1929 *B.*, Sig Thor in: N. Mag. Naturv., *v.* 67 p. 186 t. 7.

Die Schnabelmilben (Bdellidae) sind prostigmatische Acarina von langgestreckter, birnförmiger Körpergestalt mit dreigliedrigem, im Querschnitt fast zirkelrundem Körper, 4 Paar 6 gliedrigen, 2 kralligen Beinen, kegelförmigem Rostrum, scherentragenden Mandibeln und langen, 5 gliedrigen, ellbogenähnlich geknickten Maxillarpalpen.

Die Körperfarbe ist am häufigsten rot. Die Haut ist sehr dünn und fein, mit äußerst feinen parallelen Hautstreifen, häufig (wie auch an Palpen und Beinen) transversal verlaufend, verziert. — Die 3 Hauptabschnitte des Körpers (Rostrum, Thorax und Abdomen) werden durch schwache, bisweilen undeutliche Furchen oder Einschnürungen voneinander getrennt. Das Rostrum besteht aus dem langen Maxillarboden, den 2 horizontal gelagerten Mandibeln und den 2 (hinten) lateral befestigten Palpen. Der trapezähnliche Vorderkörper (Thorax) besitzt dorsal 2, 4 oder 5 (selten keine) Augen, 4 spezifische Sinneshaare („Pseudostigmalorgane"), 2—4 (oder keine) andere Haare, häufig subcutane Schilder oder Chitinlinien, ventral 2 Paar Epimeren und wenige kürzere Haare. Der große, annähernd eiförmige Hinterkörper (Abdomen) hat dorsal keine besondere Auszeichnung, nur einige Haare und häufig ein Paar Querfurchen, ventral 2 Paar Epimeren, Genitalöffnung mit Haaren und 3 Paar „inneren Genitalnäpfen" und weiter hinten die Excretionsöffnung („Anus").

Die Bdelliden sind getrennten Geschlechts und eierlegend. Männchen und Weibchen ähneln einander äußerlich; die Weibchen werden am leichtesten durch große Eier, die Männchen durch ein Penisgerüst etc. erkannt. Die Eier erhalten eine starke Chitinhülle, gewöhnlich mit Stacheln versehen. Die Larve ist — soweit bekannt — dem Erwachsenen ähnlich, jedoch kleiner, ohne Genitalorgane und nur mit 3 Beinpaaren. Entwicklung relativ einfach, nicht genau studiert. Die Nymphe ist 8 beinig, der Imago sehr ähnlich, jedoch etwas kleiner und ohne entwickelte Genitalorgane, häufig mit 2 Paar Genitalnäpfen versehen.

Die *Bdelliden* sind freilebende (nicht parasitische), schnellaufende Räuber. Sie werden am häufigsten in Gras, Moos, Algen, an Sträuchern, unter Holzbrettern oder Rinde, auf oder unter Steinen, in Wäldern, an Ufern, sowohl am Meere als auch hoch in Gebirgen, häufig alpin und arktisch gefunden. Sie vermögen im Winter strenge Kälte auszuhalten; einzelne können ohne Schaden längere Eintauchung in Wasser, z. B. in Meereswasser vertragen, auf dem Wasser laufen oder daselbst vom Winde, z. B. von einer Küste zu einer anderen, nicht zu weit entfernten, verfrachtet werden. Auf diese Weise kann ihr Vorkommen auf jetzt isolierten Inseln erklärt werden.

Die Bdelliden gehören zu den prostigmatischen Geacarina (Landmilben); sie sind von C. L. Koch 1842 sehr treffend als Schnabelmilben bezeichnet und werden (Fig. 1) durch ihre langgestreckte, kegel- oder birnförmige Körpergestalt (an den Rüsselkäfer *Apion* erinnernd) und durch ihre rötliche Farbe sehr leicht selbst mit bloßem Auge erkannt, obwohl viele relativ klein sind. Der Körper geht vorn in einen schmaleren, distal zugespitzten Rüssel (Rostrum) über, ist sonst eiförmig, spindelförmig oder oval gewölbt, lateral und caudal regelmäßig abgerundet, ohne bestimmte Grenze zwischen Bauch- und Rückenseite, mit mehr oder weniger deutlichen, abgerundeten sog. „Schulterecken". Die Rumpffurche zwischen Vorder- und Hinterkörper übt auf die Körperform nur geringen Einfluß aus und ist bisweilen undeutlich. Der Schnabel (Fig. 1, 3) ist dagegen vom übrigen Körper deutlicher abgesetzt, etwas beweglich, seltener kurz und dick *(Cyta)*, gewöhnlich schmal und länglich zugespitzt *(Scirus)*, bisweilen außerordentlich schmal *(Spinibdella)*, mit seitwärts hervorragenden, ellbogenförmig geknickten Palpen. Der tonnenförmige Rumpf ist weich, mit dünner Cuticula (fast ohne Panzerplatten) bekleidet. Jedoch ist der Körper, von der Rostralfurche und der Rumpffurche abgesehen, nicht biegsam, sondern mehr als eine solide Tonne zu betrachten. Die Bewegungen (Auf- und Seitwärtsbiegungen) des Rumpfes geschehen fast ausschließlich in den zwei erwähnten Ringfurchen. Die größte Breite und Dicke des Körpers (etwa $^1/_2$ oder $^1/_3$ der Länge) befindet sich unmittelbar hinter der Rumpffurche, zwischen dem 2. und 3. Beinpaare. Von hier nimmt der Rumpf, sowohl nach vorn (schneller) als auch nach hinten (langsamer und mehr abgerundet) in Breite und Dicke ab. Die Körperlänge liegt zwischen 0,4 und 3,5 mm. Nymphen und Larven sind kleiner. Die Beine erreichen selten die Körperlänge.

Die Färbung der Schnabelmilben wird z. T. durch die Hautfarbe selbst, z. T. durch die Farben der (dunkleren) durchscheinenden inneren Organe bestimmt. Die Hauptfarbe ist rot, durch den Grundton des Integuments hervorgerufen; losgelöst erweist sich die Cuticula häufig als farblos, verbirgt darunter aber einen rötlichen, braunen oder violetten Ton. Die großen Blindsäcke des Ventriculus bedingen die großen, braunen oder fast schwarzen Flecke der Dorsal- und z. T. der Ventralseite, während das im Ganzen jedoch nur schwach hervortretende Excretionsorgan die hellrote, gelbe oder bisweilen fast weiße, dorsale Medianlinie („Rückenstrich") verursacht. Die Augen sind durch das Pigment dunkel, bisweilen schwarz, in Präparaten fast immer entfärbt. Beine und Palpen sind heller, rötlich oder durchscheinend oder fast wasserhell. Einzelne Arten (z. B. *Trachymolgus nigerrimus*) weisen eine sehr dunkle Färbung auf.

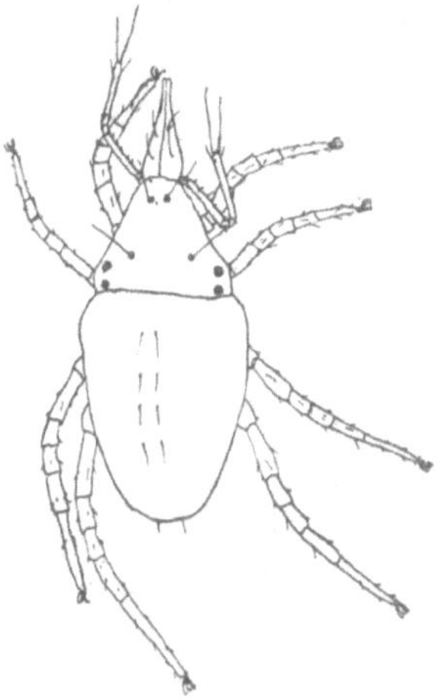

Fig. 1.
Biscirus (Odontoscirus) virgulatus (Can. & Fanz.) (nach Ant. Berlese).

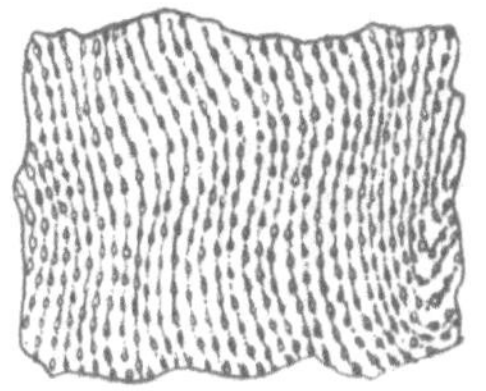

Fig. 2.
Streifung der Cuticula bei **Molgus littoralis** (L.) (nach A. D. Michael).

Die Haut besteht (wie bei *Acarina* gewöhnlich) aus einer zelligen Hypodermis (Matrixlage) und einer äußeren Chitinlage, der Cuticula. Die Hypodermis ist bei den Bdelliden sehr dünn und wird von flachen, polygonalen (im Querschnitt rectangulären) Zellen mit kleinem Zellkern gebildet. Die Cuticula ist sehr weich, dünn[1]), biegsam und aus zwei ganz dünnen Schichten, Ektostracum und Epiostracum zusammengesetzt. Die äußere Schicht, das Epiostracum, bildet zahlreiche sehr feine, mehr oder weniger erhöhte, häufig nach außen verjüngte parallele Chitinleistchen, welche auf Schnitten feinen Spitzchen oder Papillen ähneln. Jedes Chitinleistchen bildet keine zusammenhängende, glatte Linie, sondern vielmehr eine perlschnur-ähnliche Rippe, aus kleinen erhöhten Stückchen zusammengesetzt (Fig. 2). Große

[1]) Einzelne Arten (z. B. *Trachymolgus nigerrimus*) haben ausnahmsweise eine stärker verdickte, rauhe und grobporige Haut

Hautdrüsen sind nicht vorhanden. Kleine Drüsen kommen aber sparsam, besonders an der Mundöffnung vor. In der Haut befestigt stehen ventral mehrere kurze, dorsal in 4 Reihen einzelne längere, nach hinten gerichtete, schwach gefiederte oder ungefiederte Haare. 2 Paar längere, feine Sinneshaare auf dem Vorderrücken zeichnen sich namentlich durch größere, Membranen tragende Befestigungporen aus, wodurch es wahrscheinlich erscheint, daß sie als Hörhaare fungieren. Ähnliche Sinneshaare sind auch an einzelnen Beingliedern vorhanden.

Das **Rostrum** (auch als **Pseudocapitulum** oder **Gnathosoma** bezeichnet) bildet den Maxillarboden, der hauptsächlich aus den miteinander verwachsenen **Maxillen** und **Labium** (Unterlippe) besteht und eine lange, nur hinten geschlossene, dorsal offene Rinne bildet, worin die langen Mandibeln ruhen. An den hinteren Seiten des Rostrum sind lateral die zwei langen ellbogenähnlich geknickten Maxillarpalpen befestigt (Fig. 3). Der Boden des Schnabels bildet einen langen Saugapparat. Dieser hat im Inneren eine sehr

Fig. 3.
Rostrum (dorsal) von **Biscirus** (**Biscirus**) **lapidarius** (P. Kram.).

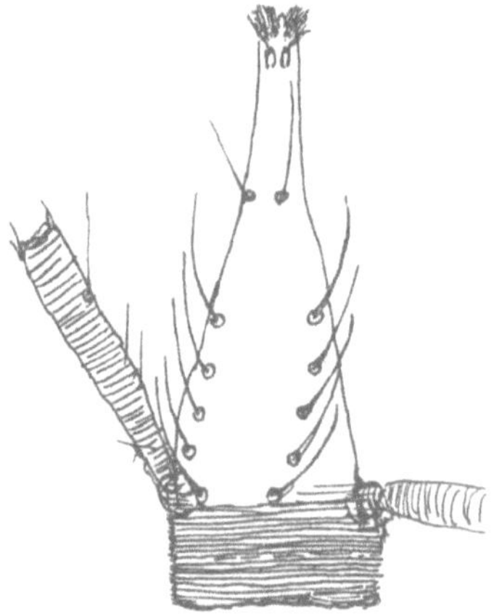

Fig. 4.
Ventralseite des Maxillarbodens von **Biscirus** (**Biscirus**) **intermedius** Sig Thor.

enge Röhre (sogen. *Lingua*) und am distalen Vorderende einen kleineren Mittellappen und zwei besondere Membranen mit vielen Härchen zum Lecken der Nahrungssäfte. Auf der Ventralseite besitzt das Rostrum einzelne, am häufigsten 6 längere Haarpaare (Fig. 4). Durch die Struktur des Rostrum unterscheiden sich die Schnabelmilben charakteristisch von den meisten anderen Acarina, und zwar nicht nur in der Form, sondern auch im Bau der rostralen Organe. Der kurze, zylindrische, weiche, durch eine Ringfurche abgegliederte Basalteil ist auf der dorsalen und der ventralen Seite verschiedenartig ausgebildet; dorsal ist er sehr kurz und von den unmittelbar anstoßenden Mandibeln scharf abgegrenzt. Hier münden die Stigmenzweige der Tracheen (Fig. 3). Ventral ist dagegen der Grundteil nach vorn verlängert und geht mehr ebenmäßig in den verlängerten „Hypopharynx“ über. Bisweilen ist jedoch die Grenze deutlich markiert (Fig. 4). Lateral, je in einer Erweiterung sind die zwei langen, 5-gliedrigen **Maxillarpalpen** eingelenkt (Fig. 1, 3, 4). Sie sind von eigenartigem Bau, ausschließlich als Tastorgane entwickelt, sehr fein und zart, frei beweglich, ohne Endkrallen oder Dornen und nur mit einzelnen Haaren, besonders mit wohl entwickelten

Endborsten versehen. Während der Bewegungen des Tieres führen sie unaufhörlich wedelnde oder schnelle, tastende Bewegungen aus. Das erste, ringförmige, unbehaarte Glied ist sehr kurz und in der erwähnten Erweiterung eingelenkt. Das 3. und 4. Glied sind ebenfalls kurz, doch gewöhnlich bedeutend länger als das 1. Ihr Längenverhältnis ist bei mehreren Arten von systematischer Bedeutung. Noch wichtiger in dieser Beziehung sind die zwei übrigen Glieder 2 (Femur) und 5 (Tarsus), die regelmäßig viel länger als die drei ersterwähnten sind (Fig. 1, 3, 7). Das 3. Glied besitzt regelmäßig auf der dorsalen (und lateralen) Seite nur 1 kleines Haar, das 4. Glied (je nach den Arten) 2—7 (am häufigsten 3—4) Haare. Die beiden langen Glieder (2 und 5) zeigen eine nach den Arten und Gattungen variierende,

Fig. 5.
Mandibel (lateral) und Schere von **Biscirus (Odontoscirus) virgulatus** (Can. & Fanz.) (schematisch nach Ant. Berlese).

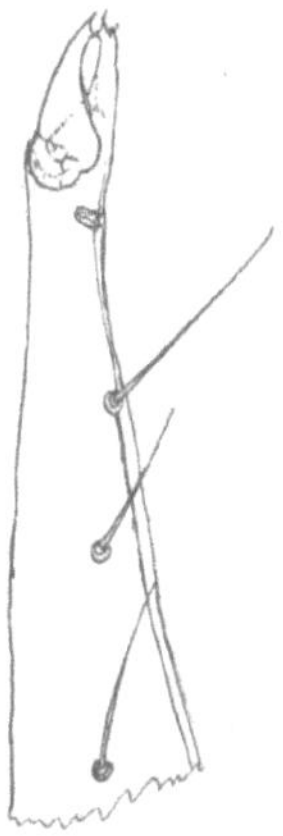

Fig. 6.
Mandibelschere von **Molgus capillatus** (P. Kram.).

bisweilen kleine, bisweilen große Borstenzahl (4—30 Haare). Besonders lang sind bei gewissen (z. B. *Bdella-*) Arten die beiden Endborsten des letzten Gliedes, welche augenscheinlich als vorzügliche Tastborsten fungieren. Während die übrigen Glieder wesentlich zylindrisch geformt sind, ist die Form des Endgliedes verschieden, z. B. bei *Cyta* und *Bdella* fast dreieckig, gegen das distale Ende hin stark erweitert, und hier bisweilen doppelt oder dreimal so breit wie am proximalen Ende, bei *Spinibdella* eiförmig (Fig. 41 b), bei *Scirus* und *Molgus* zylindrisch, bei *Biscirus* wenig erweitert oder fast zylindrisch. Diese Unterschiede ebenso wie die Haare der Palpenglieder (namentlich 2 und 5) spielen sowohl in der Art- als auch in der Gattungssystematik eine wichtige Rolle. Leider sind sie in mehreren systematischen Arbeiten zu wenig oder nicht berücksichtigt, weshalb viele Arten sich nach den Beschreibungen schwer oder nicht unterscheiden lassen. In der dorsal offenen Maxillarrinne des Rostrum ruhen in fast horizontaler Lage, dicht beisammen, die beiden Mandibeln (Fig. 3), welche bei den meisten Gattungen (*Cyta* ausgenommen) sehr lang und schmal und von beiden Seiten zusammengedrückt sind. Von einer breiteren und höheren Basis nehmen sie nach vorn (distal) allmählich ab und ähneln einem schmalen Dreieck (Fig. 5). Sie können nicht wie bei vielen anderen Milben (z. B. *Rhyncholophus, Hydrachna, Gamasus, Uropoda*) weit nach vorwärts und rückwärts bewegt oder tief in den Körper hineingezogen werden, sondern liegen, horizontal wenig beweglich, wesentlich am Platze. Sie sind zweigliedrig, das 1. Glied (Grundglied) lang, hoch, etwas zusammengedrückt, das 2. Glied (beweglicher Arm) kurz und wenig gebogen, nicht distal eingegliedert (Fig. 5, 6). Die relativ kleine Endschere (Chela) wird von diesem beweglichen Gliede und dem fast geraden, verlängerten Ende des Grundgliedes (dem sog. „unbeweglichen Arm") gebildet (Fig. 5, 7).

Fig. 7.
Mandibeln und eine Palpe von **Cyta latirostris** (Herm.) (nach Ant. Berlese).

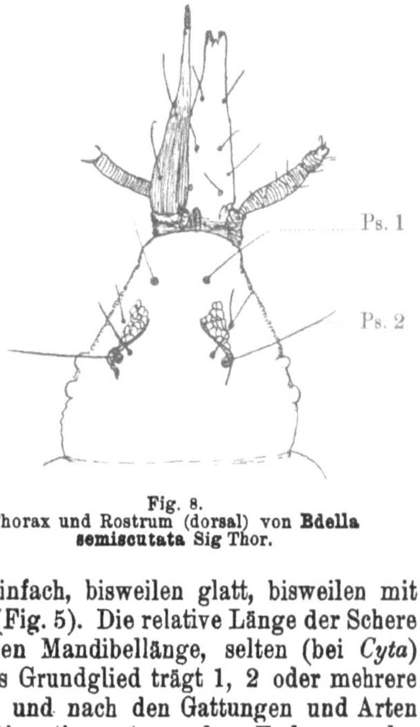

Fig. 8.
Thorax und Rostrum (dorsal) von **Bdella semiscutata** Sig Thor.

Die beiden Scherenarme sind ziemlich einfach, bisweilen glatt, bisweilen mit einem oder mit mehreren Zähnen besetzt (Fig. 5). Die relative Länge der Schere macht am häufigsten nur $^1/_{20}$ der ganzen Mandibellänge, selten (bei *Cyta*) $^1/_4$ oder $^1/_8$ derselben aus (Fig. 7). Das Grundglied trägt 1, 2 oder mehrere dorsale Haare in bestimmter Anordnung und nach den Gattungen und Arten in verschiedener Anzahl und Lage. Die stigmentragenden Endungen der Tracheenstämme durchsetzen nicht wie bei gewissen anderen prostigmatischen Acarina die Mandibeln, sondern münden proximal, unmittelbar hinter denselben, im Grundteile des Rostrum aus (Fig. 3, 8, 24).

Der (von oben gesehene) trapezähnliche Thorax (auch Cephalothorax, Propodosoma oder Proterosoma genannt) stößt mit seiner vorderen, schmalen Partie an das Rostrum und wird hinten durch die mehr oder weniger deutliche Querfurche vom Abdomen getrennt (Fig. 1 und 8). Auf der Dorsalseite besitzt er regelmäßig 2 Paar Seitenaugen, seltener ein vorderes Medianauge (bei *Cyta*), 4, 3 oder 2 Haarpaare (davon 2 Paar spezifische Sinneshaare) und bei einzelnen Arten (z. B. *Bdella, Biscirus* und *Molgus*) subcutane Dorsalschilder oder eine subcutane Chitinlinie (Fig. 9). Die beiden Augenpaare sitzen ganz lateral (Fig. 8), ziemlich weit hinten (proximal), jedes Auge isoliert mit einer deutlichen Linse; selten fehlen Augen (*Bdella coeca*). Während die ordinären Haare bei verschiedenen Gattungen verschieden sind (4, 2 oder keine), kommen bei sämtlichen Bdelliden 4 (2 Paare) spezifische Sinneshaare [soweit mir bekannt] immer vor. Sie sind in eigentümlichen Poren befestigt und erinnern (Ps. 1 und Ps. 2) an die besonders von Rhyncholophiden, Trombidiiden und Cryptostigmata bekannten Pseudostigmalorgane, weshalb sie in späterer Zeit häufig so benannt werden. Ziemlich distal läuft bei vielen Arten quer über den Thorax eine gebogene, subcutane Chitinlinie nach hinten gegen die Seitenaugen (Fig. 9). Seltener sind 1 oder 2 subcutane Chitinschilder beschrieben, die nur bei einzelnen Arten konstant vorkommen; wahrscheinlich sind sie von vielen Autoren übersehen; sie kommen besonders nach gewissen Präparationen deutlich zum Vorschein. In den Schildern sind sowohl Haare als auch Muskeln befestigt (Fig. 8). Auf der Ventralseite des Thorax kommen einzelne Haare und namentlich 2 Paar Epimeren vor, woran die 4 Vorderbeine befestigt sind (Fig. 10).

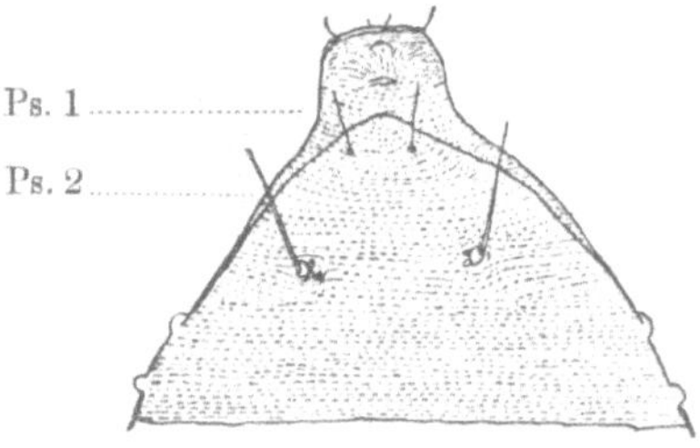

Fig. 9.
Thorax von **Biscirus (Biscirus) intermedius** Sig Thor.

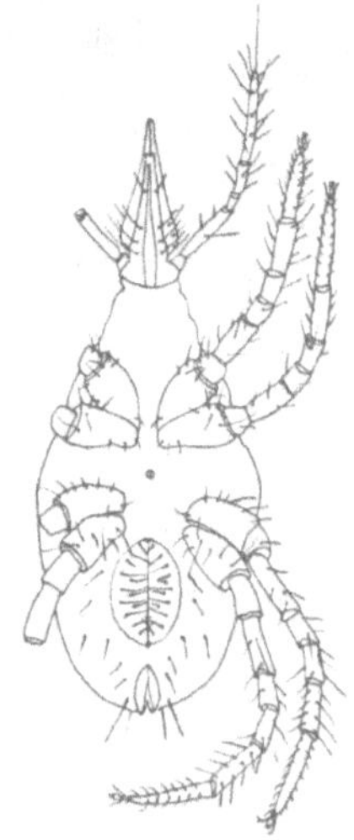

Fig. 10.
Ventralseite des **Molgus littoralis** (L.) (nach A. C. Oudemans).

Das Abdomen (auch Hysterosoma, Metapodosoma und Opisthosoma genannt) nimmt den hinteren, größten Teil des Körpers ein. Es wird durch die sog. Rumpffurche vom Thorax abgetrennt und besitzt bisweilen 2 oder 3 feine, dorsale Querfurchen, Spuren einer früheren, deutlicheren Segmentierung, die jedoch häufig stark reduziert ist (Fig. 22). Die 16—20 dorsalen abdominalen Haare sind am häufigsten folgenderweise angeordnet (Fig. 22): am 1. Segment in einer Querreihe 4 Haare, am 2. Segment 2 Haare, an den folgenden, miteinander verwachsenen Segmenten: 10 Haare nicht weit von der Medianlinie; dazu kommen fast ventral am Hinterrand des Körpers 2 Paare. Von den 16 Haaren stehen 4 Paare in 2 mittleren Längsreihen, 3 Paare hinten noch mehr median und 1 Paar mehr lateral, den Schultern etwas genähert, letztere häufig „Schulterborsten" benannt. Von diesem allgemeinen Schema gibt es nur geringe Abweichungen (nur ein hinteres Paar kommt noch häufig vor). Bei einzelnen Arten sind die Haare sehr kurz, bei anderen länger. Die ventralen Haare werden in Verbindung mit den Epimeren, der Genitalöffnung usw. erwähnt. Die beiden hinteren abdominalen Epimerenpaare sind den beiden vorderen genähert, jedoch in einer Epimerenbreite (bisweilen näher) von diesen getrennt; die 8 Epimeren sind in 4 Gruppen zu je 2 angeordnet (Fig. 10). Jede Epimere ist schief, annähernd dreieckig, mit gebogenen Seitenrändern, schwach chitinisiert und mit je 5—12 kleinen Haaren versehen. Die beiden hinteren Paare sitzen weit vorn am Abdomen, die beiden vorderen ganz hinten am Thorax, unterhalb der Augen. Die freie Bauchfläche besitzt wenige kleine Haare (etwa 8 Paar), die an der hinteren Fläche (hinter den 4. Epimerenpaaren) stehen. Sonst ist diese Fläche weich und fein gestreift. Die große, längliche Genitalöffnung ist auswendig von zwei (länglichen) schmalen, längsgestreiften Genitalklappen mit je 7—14 Haaren geschützt (Fig. 10); darunter sitzen (bei den Imagines) die gewöhnlichen 3 Paar Genitalnäpfe (Fig. 17) und tiefer hinein gewisse Apparate, die z. T. mit mehreren Stachelborsten versehen sind. Sehr eigentümlich sind bei den Männchen die bekannten „Apparati spinulosi", die in guten mikroskopischen Präparaten deutlich durchscheinen. Selten *(Cyta)* sieht man sichere (deutliche) Genitaltracheen. Etwas hinter der Genitalöffnung, am hinteren Körperende, sitzt ventral die ebenfalls längliche Excretionsöffnung („Anus"), deren schmale Klappen nur wenige oder keine Haare tragen (Fig. 10).

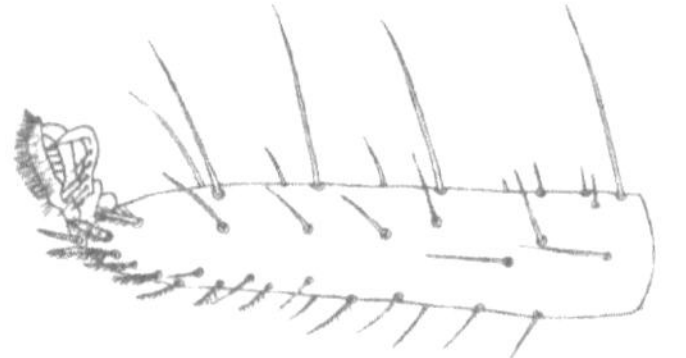

Fig. 11.
6. Beinglied von **Molgus littoralis** (L.) mit Ambulacrum (nach A. C. Oudemans).

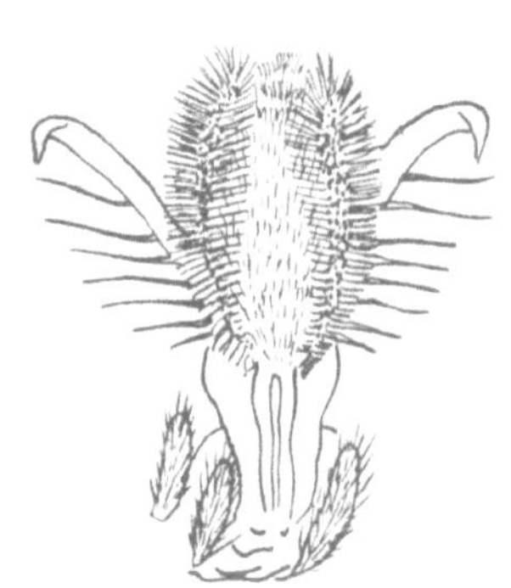

Fig. 12.
Haftsohle und Krallen von **Molgus littoralis** (L.) (nach A. C. Oudemans).

Die 8 mittellangen, 6gliedrigen Laufbeine (Fig. 1, 10) haben einen einfachen, aus wenigstens vier verschiedenen Haarsorten bestehenden Haarbesatz und am Ende einen dreigliedrigen Haftlappen (Ambulacrum), der die beiden Krallen gewöhnlich mit lateralen Haaren und zwischen diesen eine Haftsohle mit feinen Härchen trägt. Das 1. Beinglied ist das kürzeste, das 6. (letzte) das längste, die anderen vier Glieder sind von mittlerer Länge. Gewöhnlich erreichen die hinteren Beine (4. Paar) die größte Länge, selten die vorderen Beine; dieser Unterschied ist übrigens bei den Bdelliden weniger hervortretend als bei vielen anderen Acarinen. Häufig haben die 8 Beine fast die gleiche Länge. Die 4 vorderen Beine sind nach vorn, die 4 hinteren nach hinten gerichtet. Man findet an den Beinen einen ziemlich konstanten, aus längeren, geraden und kürzeren, gebogenen Haaren bestehenden Borstenbesatz, auf den proximalen Gliedern sparsamer (3—9 Haare), auf den distalen reichlicher (8—25), nach den Arten in Anzahl und Größe etwas verschieden. Viele Haare sind einfache Nadelborsten, andere (wenige dorsale) winzige, krumme Härchen, wieder andere (nur vereinzelte) lange, feine, spezifische Sinneshaare in größeren Poren, und noch andere (besonders ventral gegen das Ende des 6. Beingliedes) fein behaarte, gefiederte Haftbaare. Das 6. Glied (Fig. 11) trägt in der distalen Spitze einen Haftlappen mit Haftsohle (*Pulvillus*) und 2 Krallen, die folgenderweise befestigt sind. Vom scheidenlosen Gliedende ragt ein relativ langes, schmales, mit 3 Paar Lappen versehenes **Mittelstück** hervor, an dessen distalem Ende eine unpaare, mittlere **Haftsohle** und 2 laterale **Krallen** befestigt sind (Fig. 12). Die Haftsohle ist relativ groß, von der Länge des Mittelstücks, im Umriß umgekehrt herzförmig oder eiförmig mit zahlreichen feinen Härchen ringsum dicht bekleidet, eine Vorrichtung, die gewiß für das Aufundniederlaufen auf Steinen etc. sehr geeignet ist. (Kramer hat auf der dorsalen Seite eine elliptische Längsspalte gefunden und abgebildet). Die Beine sind nicht als Raub- oder Klammerbeine, sondern als vorzügliche Lauf- und Kletterbeine ausgebildet.

Von der **inneren Anatomie** mögen hier nur kleine Auszüge mitgeteilt werden. Im übrigen sei hauptsächlich auf zwei Arbeiten von A. D. Michael 1896 [1]) und von Sig Thor 1904 [2]) hingewiesen. Die **Muskulatur** ist symmetrisch und gut entwickelt, durch die Haut beobachtbar

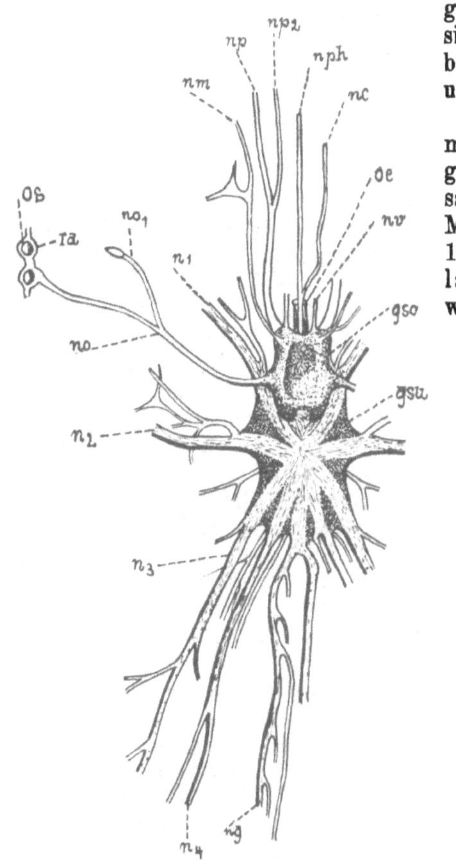

Fig. 13.
Nervensystem von **Molgus littoralis** (L) (nach A. D. Michael).
np₂=Ast des Palpennerves, *np*=Palpennerv, *nph*=Pharyngealnerv, *nc*=Ast desselben, *nv*=Nerv, die Muskulatur vom Scheitel zur Maxille innervierend, n_1—n_4= Beinnerven, *os*=Augen, *ra*=Retina, *no*=Nervus opticus, no_1=Ast des Nervus opticus, *nm*=Mandibularnerv. *gso, gsu, ng, os* siehe Fig. 16 p. 11.

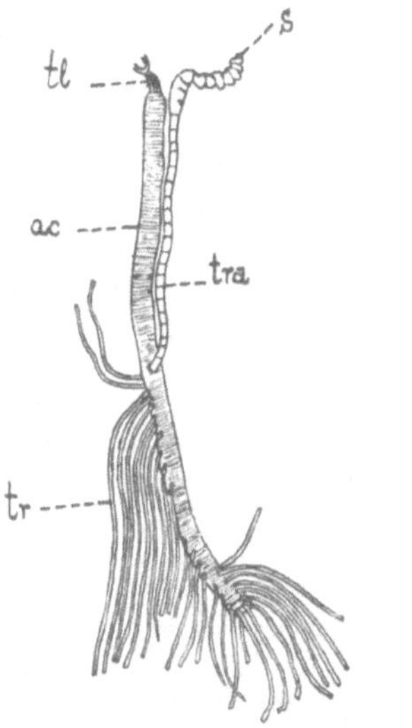

Fig. 14.
Tracheen von **Molgus littoralis** (L.) (nach A. D. Michael).
tl = Ligament zwischen Stigma und Luftkammer, *ac*=Luftkammer, *tra* = Tracheenstamm, *tr* = Tracheen, *S*=Stigma.

und besteht teils aus langen, relativ dünnen Strängen, teils aus kürzeren Bündeln, sowohl dorsoventrale als Quer- und Längsmuskeln, Streck- und Beugemuskeln der Gliedmaßen usw. Da die Haut wenige Chitinplatten oder

[1]) „The internal Anatomy of *Bdella*", in: Tr. Linn. Soc. London, ser. 2 Zool. *v.* 6 p. 477—528 t. 41 -43.

[2]) „Recherches sur l'Anatomie comparée des Acariens prostigmatiques", in: Ann. Sci. nat., Zool. ser. 8 *v.* 19 p. 1—190 t. 1—9.

Leisten darbietet, sind die Muskeln nicht nur an den Epimeren, Rostralecken und Gliedenden befestigt, sondern es bilden sich in der Haut Höcker oder Chitinleisten und etwas tiefer im Körper einzelne Chitinknöpfe aus, die in der ventralen Brustregion als „Endosternite“ bekannt sind und wie die Dorsalschilder, Epimeren usw. den Muskeln Befestigungspunkte oder -Flächen darbieten.

Das Nervensystem (Fig. 13, 16) besteht aus dem großen, im vorderen Drittel des Körpers, unter den großen Speicheldrüsen gelegenen Ganglion, das von der Speiseröhre durchbohrt wird, und vielen feinen Nervenfasern, mit feinen, häufig schwer beobachtbaren Zweigen zu allen Körperteilen.

Das Respirationssystem wird besonders von zahlreichen feinen, unverzweigten Tracheen ohne Spiralfaden gebildet. Sie durchlaufen alle Körperteile und entspringen (Fig. 14) von zwei mit Spiralfäden versehenen röhrenförmigen, vor dem Ganglion liegenden Tracheenhauptstämmen („Luftkammern“). Diese entsenden je einen Ast nach vorn, zwei größere nach hinten und einen kurzen „Stigmen-Ast“ nach der Dorsalseite, wo sie im Grundteile des Rostrum, unmittelbar hinter den Mandibeln ausmünden (Fig. 3). Die Stigmen sind durch eine dünne Haut verschlossen. Wahrscheinlich ist die dünne Haut des Körpers bei der Respiration sehr dienlich. Jedoch fehlen hierüber genauere physiologische Beobachtungen; es darf aber hypothetisch angenommen werden, daß die sauerstoffreiche Luft durch die Stigmen aufgenommen und durch die Bewegungen des Rostrum und der Mandibeln weiter gepreßt und daß die Kohlensäure durch die Haut usw. ausgeschieden wird. Bei einzelnen Arten *(Cyta latirostris)* sind Genitaltracheen sehr deutlich (von A. C. Oudemans zuerst nachgewiesen) und bilden wahrscheinlich ein sekundäres Tracheensystem (Fig. 15). Weder Herz, noch besondere Blutgefäße sind bei den *Bdelliden* vorhanden. Die Flüssigkeit, die zahlreiche Leukocyten (Lymphzellen) enthält, wird teils durch Zusammenziehungen und andere Bewegungen des Körpers, teils durch Eigenbewegungen der Leukocyten nach den verschiedenen Körperteilen gebracht. Das fein und reich verästelte Tracheensystem bringt den für die Oxydation notwendigen Sauerstoff überall hin.

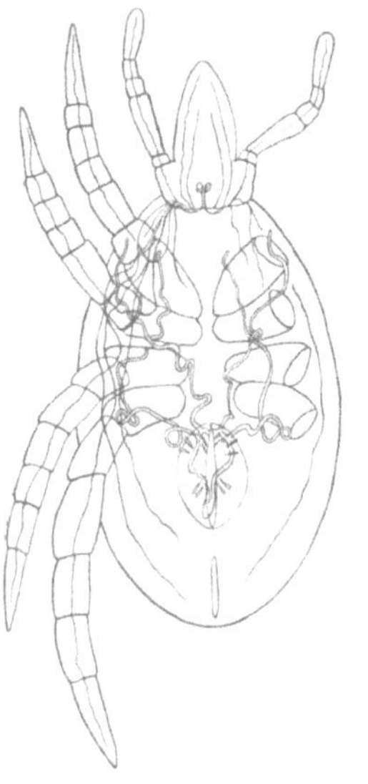

Fig. 15.
Genitaltracheen von **Cyta latirostris** (Herm.) (nach A. C. Oudemans).

Von den inneren Organen nimmt der Verdauungskanal mit seinen Nebenorganen einen großen Platz ein (Fig. 16). Er fängt hinter den leckenden Organen des Mundes, mit dem aus zwei Halbrinnen gebildeten, schwach chitinisierten Pharynx an, wo die Saugwirkungen durch Muskelkontraktionen hervorgerufen werden. Die lange, röhrenförmige sog. „Lingua“ leitet die ausgesogenen Säfte verschiedener Tierchen (vielleicht auch Pflanzensäfte) in den Pharynx hinein. Von hier aus strömen sie in den langen, membranösen Oesophagus (Speiseröhre) hinein. Am Anfang des Oesophagus zweigt sich eine Röhre ab, die in ein für die Bdelliden eigenartiges Organ, *rc*, (nach Michael: „Receptaculum cibi“) mündet. Dieser, in gefülltem Zustande sehr große, drüsenähnliche, unpaare Sack erstreckt sich durch den Thorax bisweilen in das Abdomen hinein. Der Oesophagus selbst durchsetzt das große Nervenganglion (Fig. 16, *gso, gsu*) und mündet in den großen, blind endenden Ventriculus

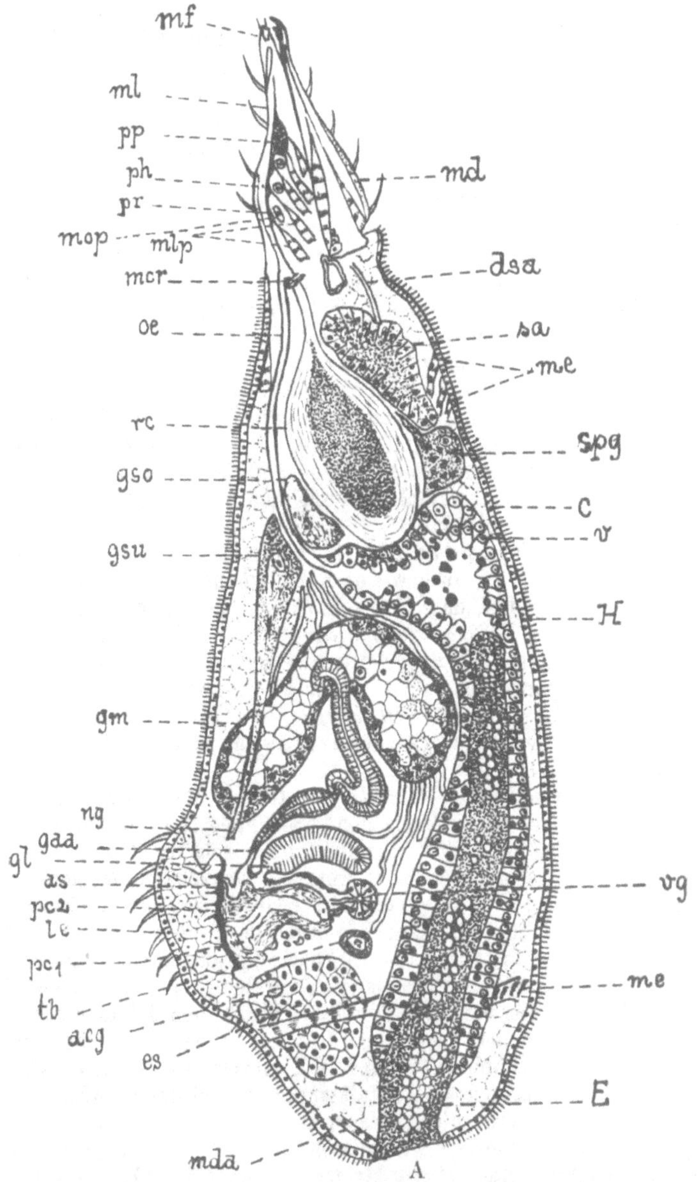

Fig. 16. Sagittalschnitt durch **Molgus littoralis** (L.) (nach A. D. Michael).

A = Anus, *acg* = Air-chamber in genital organs of male, *as* = amphioid sclerite of penial canal, **C** = Cuticle, *sa* = Azygous salivary gland, *dsa* = duct from the azygous gland, *es* = Embedding sac of male genital organs, *gaa* = Azygous accessory gland of male genital organs, *gl* = laminated gland of male genital organs, *gm* = Glandula mucosa, *spg* = pericibal salivary gland, *gso* = supraoesophageal ganglion, *gsu* = suboesophageal ganglion, *E* = Excretory organ, *H* = Hypodermis, *tb* = testicular bridge, *le* = external labia of genital aperture, *mcr* = Constrictor muscles of Receptaculum cibi, *md* = mandibles, *mda* = divaricator muscles of the labia ani, *me* = dorso-ventral muscles, *mf* = membranous flap at the distal end of the maxillary lip, *pp* = propharyngeal plate, *pr* = roof of the pharynx, *ml* = maxillary lips, *mlp* = levator muscles of the roof of the pharynx (dilatores pharyngis), *mop* = Occlusor (constrictor) muscle of the pharynx, *ng* = genital nerve, *ph* = Pharynx, *oe* = Oesophagus, *rc* = Receptaculum cibi (sucking stomach), pc_1 = penial canal, dorsal portion, pc_2 penial canal, ventral portion, *v* = Ventriculus, *vg* = Vestibulum glandulae mucosae.

(Magen) mit mehreren (4—6 Paar) Blindsäcken (Coeca). Die inneren Wände der lateralen Blindsäcke sind mit verdauenden Zellen dicht bekleidet, und der dunkle Inhalt schimmert durch die Haut hindurch. Deshalb haben die Tiere neben der roten Farbe, große, braune, schwarze oder violette Rückenflecke. Vor dem großen Ventriculus liegt eine unpaare Drüse (nr. 1) und außerdem mehrere paarige Speichel- (und vielleicht Gift-) drüsen: nr. 2. Glandulae reniformes, nr. 3. Gl. dorsales anteriores, nr. 4. Gl. dors. posteriores, wozu noch als nr. 6 die langen Gl. tubulares kommen, welche bogenförmig einen großen Teil des Körpers durchlaufen, mit den anderen aber zusammen durch einen gemeinsamen Drüsenkanal in die Mundhöhle münden (Fig. 16, *dsa, sa, spg,* Längsschnitt nach Michael, l. c. t. 43 f. 34). (Über die Ernährung, Beutetiere etc. später etwas genauer).

Während der Darmkanal ohne Analöffnung, blind endet, werden die Excrete durch das relativ kurze, unverzweigte, von der Dorsalseite kommende Excretionsorgan entleert. Dieses liegt median zwischen den hinteren Blindsäcken und mündet ventral am hinteren Körperende (Fig. 16, E, A) durch die lange Excretionsspalte (häufig unrichtig als „Anus" bezeichnet). Das Excretionsorgan schimmert dorsal als gelblich- oder rötlichweißes, schmales Band („Rückenstrich"), durch die Haut hindurch und zeigt häufig mehrere kleine oder größere, rundliche Kristalle.

Sowohl im Verdauungskanal als im Excretionsorgan kommen bisweilen einzellige Parasiten vor. In gewissen Fällen können diese überhandnehmen, sich stark vermehren und das Tier vernichten. So ist eine der bekannten Haplosporidien-Arten, *Molgosporidium ellipticum* Sig Thor 1930 bisher nur in diesen Wirten gefunden; dagegen wird *Glutinisporidium compositum* Sig Thor 1930 nicht parasitisch, sondern nur als Excrementbildung aufzufassen sein. Im Thorax eines *Biscirus (Biscirus) lapidarius* (P. Kramer), bei Sjusjön (Norwegen) gefunden, liegt ein nematodenähnlicher Parasit dreimal gebuchtet.

Die Bdelliden sind geschlechtlich getrennt, Männchen und Weibchen aber äußerlich schwer zu unterscheiden. Ein äußerer Unterschied ist weder im Bau der Palpen, der Beine, des Rumpfes, noch im äußeren Genitalgebiete beobachtet worden. Erwachsene Weibchen werden jedoch leicht durch ihre Größe und die durchscheinenden Eier, die Männchen durch ihr Penisgerüst und die Apparati spinulosi (Michaels „air-chambers") auch von außen erkannt. Die lange Genitalöffnung (Fig. 10, 16) liegt in der ventralen Mittellinie. hinter dem 4. Epimerenpaare und bildet eine lange Spalte, die von zwei weichhäutigen, halbmondförmigen, mit einzelnen (6—12) Borstenpaaren besetzten Genitalklappen verschlossen wird (Fig. 10). Unter diesen Klappen sitzen gewöhnlich 3 Paar rundliche oder elliptische „innere Genitalnäpfe" die nach hinten etwas kleiner werden (Fig. 17). — Die inneren Genitalorgane sind bei den Weibchen ziemlich einfach, namentlich aus Ovarium, Oviduct und Receptaculum seminis bestehend; eine zusammengesetzte Mündungstube mit kleinen Borsten in drei Reihen kann fernrohrähnlich herausgestülpt werden und als Legescheide fungieren (Fig. 18).

Fig. 17. Genitalorgan von **Molgus littoralis** (L.) mit 3 Paar inneren Genitalnäpfen (nach A. C. Oudemans).

Die männlichen Genitalorgane sind viel komplizierter gebaut. Sie sind aus folgenden Teilen zusammengesetzt: 1. Testes, 2. Vas deferens, 3. Glandulae mucosae, 4. Antecamorae glandulosae, 5. Glandula adnexa, 6. Glandulae majores posteriores, 7. Camerae aërosae, 8. Camerae lamellosae, 9. Apparati spinulosi, 10. Penis mit Muskeln und Chitinbändern. Besonders deutlich und auffällig sind die luftgefüllten Apparati spinulosi (mit zahlreichen feinen Chitinspitzen), deren Bedeutung noch nicht klargelegt ist. Da sie hier nur bei den Männchen vorkommen, scheint es nicht natürlich, diese Säckchen als Respirationsorgane, sondern als männliche Nebenorgane (Titillationsorgan?) aufzufassen (Fig. 19).

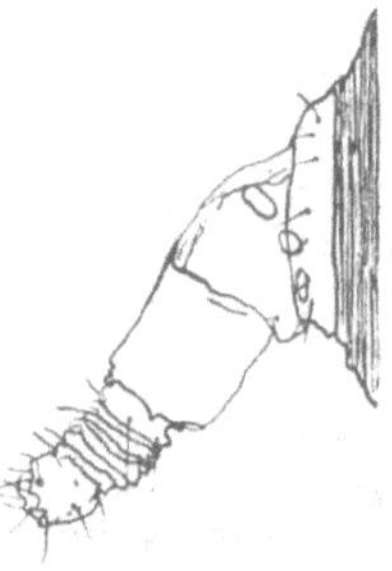

Fig. 18.
Ausgestülptes Genitalorgan von **Biscirus (Biscirus) norvegicus** (Sig Thor) (nach Sig Thor).

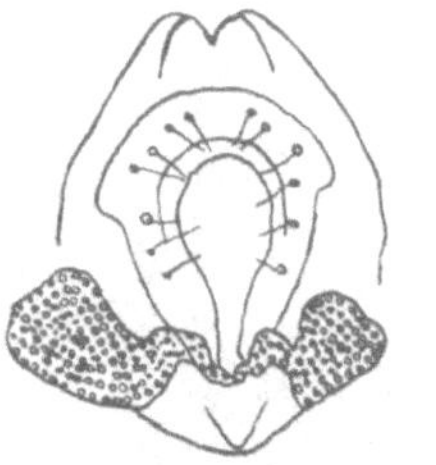

Fig. 19.
Apparati spinulosi von **Molgus littoralis** (L.) (nach A. C. Oudemans).

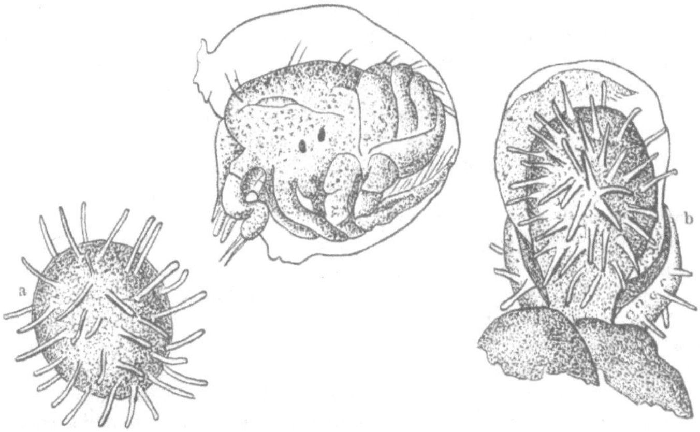

Fig. 20.
Eier (a, b) und Larve (c) im Apoderma von **Molgus littoralis** (L.) (nach Trägårdh).

Die mittelgroßen, im Körper befruchteten und mit stacheligen Chitinhüllen versehenen Eier (Fig. 20 a, b) werden auf Steinen, dürren Pflanzenteilen etc. auf die Erde abgelegt und festgeklebt. Die Entwicklung ist wenig erforscht. Nach einer nicht genau bekannten Zeit (vielleicht etwa 3 Wochen) schlüpfen die 6beinigen Larven, von einem „Apoderma" umhüllt, aus. Die Larve (Fig. 21) ähnelt in vielen Beziehungen (Körperform, Palpen, Mandibeln u. a.) dem erwachsenen Tier, obwohl in allen Organen primitiver und kleiner; ein Beinpaar und das Genitalorgan fehlen. Lebensweise, Entwicklungsdauer und fernere Entwicklung sind wenig bekannt. Anscheinend führen sie eine mit den Erwachsenen übereinstimmende Lebensweise und gehen relativ bald ins nächste Stadium über.

Die 8beinige, 4näpfige Nymphe tritt unter den Erwachsenen auf und teilt deren Lebensweise, ist jedoch kleiner. Die Genitalorgane sind nicht voll entwickelt, Ovarien und Testes jedoch angelegt; nur 2 Paar (oder keine) Genitalnäpfe sind beobachtet. Ob die Nymphen eine oder mehrere Häutungen durchlaufen, ist nicht klargestellt. Wenigstens hat man bis jetzt keine vollständige Metamorphose nachweisen können, sondern nur eine ziemlich einfache Entwicklung, die also von vielen anderen Prostigmata ganz verschieden ist.

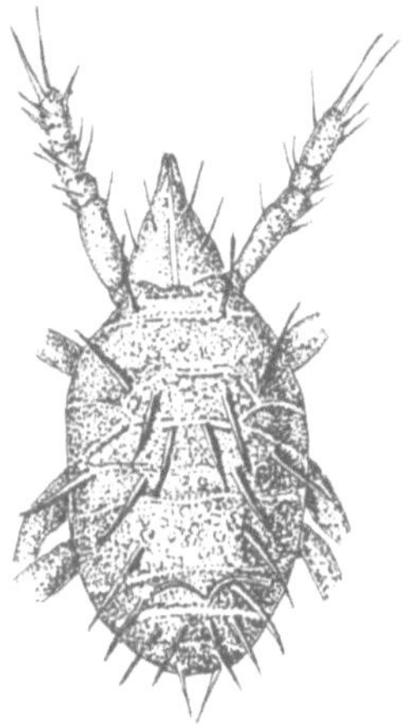

Fig. 21.
Erwachsene Larve von **Molgus littoralis** (L.) (nach Trägårdh).

Die Größe der Schnabelmilben muß (unter *Acarina*) als eine mittlere bezeichnet werden. Einzelne erreichen eine Länge von 3,7 mm. Sie variieren zwischen 0,3 und 3,5 mm (am häufigsten zwischen 0,75 und 1,5 mm).

Die Bdelliden sind — soweit bekannt — hauptsächlich räuberisch. Sie greifen und saugen kleinere, lebende oder tote Tiere, besonders gewisse Insekten, z. B. *Dipteren* und *Collembolen* aus. Übrigens ist es wahrscheinlich, daß sie ebenfalls Pflanzensäfte und Wasser genießen. Sie besitzen keine besonders zum Greifen oder Fangen anderer Tiere ausgebildeten Organe. Die Vorderbeine können zu einem gewissen Grade das Festhalten schwächerer Tiere besorgen. Die Mandibularschere vermag Haut und Weichteile der Beutetiere zu zerschneiden, wonach die Nahrungssäfte ausgesogen werden. Besonders von dem an Meeresküsten in Mengen lebenden *Molgus littoralis* (L.) ist bekannt, daß er sich von (nicht springenden) Springschwänzen, die zahlreich an denselben Lokalitäten auftreten, ernährt. Er nimmt auch mit toten Fliegen und anderen toten Tierchen (vielleicht auch mit Tangen) vorlieb.

Die Bdelliden sind Landtiere, ziehen aber feuchte Örtlichkeiten vor, und sind echte Laufmilben, welche sehr gewandt hin und her auf der Erde, auf Brettern, Steinen usw. auf- und niederlaufen und klettern. Seltener findet man sie an Bäumen, dagegen sehr häufig in Moos, Flechten, Gras, Heu, dürren Blättern usw. Einzelne Arten lieben die Ufer der Flüsse und Seen, andere die Meeresküsten. Hier laufen sie nicht nur auf den trockenen Felsen und Steinen, sondern suchen auch mit Vorliebe die bei Ebbe eben trockengelegten, noch nassen Steine, Schnecken, Muscheln, Balanen und Algen (Tang) auf. Bisweilen laufen sie oder werden unfreiwillig vom Wind über kleinere Wasseransammlungen getrieben und vermögen hier sogar stundenlang ohne Schaden auszuhalten, durch ihre Haare gegen Nässe geschützt. Wahrscheinlich sind sie auf diese Weise zu isolierten Felsen und zu nicht zu weit vom Festlande entfernten Inseln gelangt.

Die geographische Verbreitung der Bdelliden ist ziemlich weit, sowohl in vertikaler als in horizontaler Richtung. Sie sind in allen Weltteilen gefunden und steigen in den Gebirgsgegenden, z. B. in Norwegen und in der Schweiz, ziemlich hoch, bis an die Schneegrenze hinauf. Sie sind ebenfalls, jedoch sparsam, aus der Vorzeit als Bernsteinseinschlüsse bekannt. Von den antarktischen Gegenden hat man sie nur selten heimgebracht. In Nordamerika sind viele beobachtet. Von Südamerika hat Ant. Berlese einzelne Exemplare bestimmt; in Zentralamerika, auf den Kerguelen und in Afrika sind sie auch gefunden worden. Am besten sind sie auf der nördlichen Halbkugel, besonders in Europa bekannt und hier in den borealen, alpinen und arktischen Gegenden sehr häufig.

Einzelne Arten (*Molgus littoralis* (L.), *M. capillatus* (Kram.), *Bdella longicornis* (L.) und *Cyta latirostris* (Herm.)) scheinen eine ausgeprägte zirkumpolare Verbreitung an den Küsten des nördlichen Eismeeres und des atlantischen Ozeans zu haben; sie sind wahrscheinlich als kälteliebende arktische Formen aufzufassen, welche sich in Glazialperioden nach südlicheren Gegenden zurückzogen und hier in der postglazialen Zeit Relikte hinterließen. Diese haben sich dann später an die steigenden Temperaturen angepaßt. Nur äußerst wenige sind vermutlich thermophil geworden.

Es ist nicht leicht, bestimmte Angaben über sichere und unsichere Arten, Synonyme usw. zu liefern, da viele Arten so kurz oder mangelhaft (bisweilen fehlerhaft) beschrieben worden sind, daß es schwer, bisweilen unmöglich ist, zu entscheiden, ob sie selbständige Arten oder nur Synonyme darstellen. Dieses gilt nicht nur für Koch's oder andere alte Arten, sondern auch für neuere, in späteren Zeiten beschriebene. Bisweilen werden als einzige Merkmale ganz allgemeine Charaktere angegeben, die für mehrere Arten oder sogar für mehrere Gattungen gemeinsam sind. Am schlimmsten ist die Sachlage, wenn keine Figuren dazu geliefert werden. In solchen Fällen ist die Entscheidung unsicher oder zumindest zweifelhaft. Es ist mir bisweilen gelungen, gewisse „Arten" als Synonyme nachzuweisen; viele stehen leider noch an der Grenze zwischen Synonymen und selbständigen Arten. In dieser Arbeit wird versucht, so viele der angegebenen Arten wie möglich als eigene wirkliche Arten zu betrachten, wenn nur ein sicheres, deutliches, spezifisches Merkmal (oder besser mehrere) vom Autor angegeben ist. Künftige Forschungen werden vielleicht die hier angegebene Artenzahl etwas reduzieren, auf der anderen Seite auch durch feinere Untersuchungen gewiß mehrere Arten nachweisen können. Trotzdem müssen jetzt leider mehrere Arten als unsichere hingestellt werden.

Nach den angedeuteten Prinzipien ergibt diese Arbeit folgendes Resultat:

7 Gattungen, 2 Untergattungen, 39 sichere und 21 unsichere Arten, 10 sichere und 2 unsichere Varietäten. Die fossilen Arten aus der Tertiärzeit sind hier nicht aufgenommen.

Analytische Bestimmungstabelle der Gattungen der Fam. *Bdellidae*:

1 a) 5. Palpenglied stark verkürzt und gegen das distale Ende hin verbreitert, mit 2 oder 3 sehr langen Endborsten. Mandibeln mit je 2 dorsalen Haaren oder Härchen. Dorsal am Thorax 4 Haarpaare und gewöhnlich 2 longitudinale, schmale Chitinschilder, selten fehlend 2

b) Palpen relativ lang, 5. Glied weder stark verkürzt noch stark verbreitert, annähernd zylindrisch. Anzahl der Mandibelhaare verschieden (1, 2 oder viele). Am Thorax nur 3 oder 2 dorsale Haarpaare; keine Schilder, keine oder selten eine breitere Chitinplatte 5

2 a) Ein unpaares, vorderes Mittelauge und 2 Paar Seitenaugen. Rostrum und Mandibeln sehr kurz und dick. Die 2 dorsalen Längsschilder vorn durch eine starke transversale Chitinleiste verbunden . . . 1. Gen. **Cyta**

b) Kein Mittelauge, nur 2 Paar Seitenaugen. Rostrum und Mandibeln lang und schmal oder sehr schmal. Dorsalschilder getrennt oder nur durch eine schwache Brücke verbunden oder fehlend 3

3 a) Haut dick, grubig, panzerartig verhärtet. Keine thorakalen Schilder vorhanden . . . . 4. Gen. **Trachymolgus**

b) Haut dünn mit feinen Hautstreifen. Am Thorax longitudinale Schilder oder kürzere Chitinleisten 4

4 a) 2 longitudinale, relativ deutliche Dorsalschilder. Rostrum und Mandibeln gewöhnlich von ordinärer Breite. 2 lange Mandibelhaare, das proximale weit hinten, das distale an der Mandibelmitte befestigt . 2. Gen. **Bdella**

b) 2 kurze Chitinstreifen in Verbindung mit einem Höckerpaar. Rostrum und besonders Mandibeln außerordentlich schmal, fast nadelähnlich. Die beiden Mandibelhaare winzig klein, fast rudimentär, stark distal, vor der Mitte stehend . . . . 3. Gen. **Spinibdella**

5 a) Die beiden Endborsten des 5. Palpengliedes gewöhnlich verlängert. Jede Mandibel mit je 1 oder 2 Haaren 6

b) Die beiden Endborsten des 5. Palpengliedes nicht oder wenig verlängert. Jede Mandibel mit mehreren (5—24) Haaren. 3 Paar thorakale Dorsalhaare. Keine Teilschilder, selten eine breitere Platte . 7. Gen. **Molgus**

6 a) Jede Mandibel nur mit je einem Haare. Kein Schild . . 5. Gen. **Scirus**
b) Jede Mandibel mit je 2 Haaren. Gewöhnlich nur 2, selten 3 thorakale, dorsale Haarpaare. Distal auf dem Thoraxrücken eine sehr feine, gebogene, subcutane Chitinlinie; Dorsalschilder selten sichtbar . . 6. Gen. **Biscirus**

1. Gen. **Cyta** Heyd.

1804 *Scirus* (part.), J. F. Hermann, Mém. apt., p. 60 u. 62 | 1826 *Cyta*, C. Heyden in: Isis, p. 608 | 1834 *Bdella*, Ant. Dugès in: Ann. Sci. nat., ser. 2 *v.* 1 p. 21, *v.* 2 p. 45 | 1835 *Amonia*, C. L. Koch, C. M. A , fasc. 5 nr. 7 | 1838 *Leptus*, Lamarck, Hist. An. s. Vert., ed. 2 *v.* 5 p. 63 | 1842 *Ammonia*, C. L. Koch, Übers. Arach., fasc. 3 p. 75 | 1861 *A.*, Fürstenberg, Krätzm., p. 208 | 1877 *Bdella*, G. Canestrini & Fanzago in: Atti Ist. Veneto, ser. 5 *v.* 4 p. 174 u. 175 | 1879 *B.*, L. Koch in: Svenska Ak. Handl., n. ser. *v.* 16 nr. 5 p. 132 | 1881 *B.*, P. Kramer in: Z. Naturw., *v.* 54 p. 442 | 1885 *Ammonia*, G. Canestrini in: Atti Ist. Veneto, ser. 6 *v.* 3 p. 1669 | 1888 *Bdella*, Ant. Berlese in: Bull. Soc. ent. Ital., *v.* 20 p. 225 | 1891 *Ammonia*, Ant. Berlese, A. M. S., fasc. 59 nr. 3, 4, 5 | 1891 *A.*, G. Canestrini in: Atti Ist. Veneto, ser. 7 *v.* 2 p. 714 | 1900 *A.*, Trägårdh in: Bih. Svenska Ak., *v.* 26 nr. 7 p. 15 | 1902 *Cyta*, Sig Thor in: Verh. Ges. Wien, *v.* 52 p. 160, 165 | 1902 *C.*, A. C. Oudemans in: Tijdschr. Ent., *v.* 45 Versl. p. 54 | 1904 *C.*, Sig Thor in: Zool. Anz., *v.* 28 p. 72 | 1904 *C.*, N. Banks in: P. U. S. Mus., *v.* 28 p. 16, 17 | 1905 *Ammoconia*, R. Lucas in: Arch. Naturg., *v.* 67 II p. 1450 | 1909 *Cyta*, Sig Thor in: Mém. Ac. St.-Pétersb., ser. 8 *v.* 18 nr. 14 p. 6 | 1910 *C.*, Trägårdh in: Naturw. Unters. Sarekgebirg., *v.* 4 p. 480 | 1913 *Bdella*, H. E. Ewing in: Bull. Amer. Mus., *v.* 32 p. 112 f. 3 | 1915 *Cyta*, J. N. Halbert in: P. Irish Ac., *v.* 31 p. 113 | 1920 *Ammonia*, Ant. Berlese, A. M. S., Indici p. 4 | 1922 *Cyta*, Schweizer in: Verh. Ges. Basel, *v.* 33 p. 77 | 1930 *C.*, Sig Thor in: Skr. Svalbard Ishav., nr. 27 p. 89.

Cyta läßt sich leicht von den anderen Bdelliden-Gattungen unterscheiden. Der Körper ist relativ kurz und breit. Namentlich das Rostrum ist stark verkürzt (Fig. 22); desgleichen sind nicht nur die mit dem Labium verwachsenen Maxillen (Maxillarboden), sondern auch die Mandibeln sehr kurz und erscheinen deshalb sehr hoch (dick) und breit (Fig. 23, 24). Die Schere ist relativ groß und stark. Das distale Mandibelhaar ist dorsal (etwas lateral) über der Schere, also auf dem unbeweglichen Scherenarm befestigt. Diese Art der Befestigung ist von der bei anderen *Bdellidae* so verschieden, daß eine einzige distale Mandibelhälfte genügt, um *Cyta* zu erkennen. Die Maxillarpalpen (Fig. 23, 24) sind entsprechend stärker als gewöhnlich bei *Bdella* verkürzt, und die beiden Endborsten ebenfalls kürzer als bei dieser Gattung, ungefähr wie bei *B.*-Nymphen. Das 5. Palpenglied ist viel kürzer als das 2. und gegen das distale Ende hin erweitert, jedoch weniger als bei *B.*; das 3. Glied ist vom 2. nur undeutlich abgegliedert. Man hat am Thoraxrücken der altbekannten Arten weder Schild noch Chitinlinien beschrieben; jedoch ist an der gewöhnlichen Art (*C. latirostris* (Herm.)) eine starke eckige Chitinleiste (= trapezähnliches Schild) sehr deutlich (Fig. 24). 4 thorakale Haarpaare

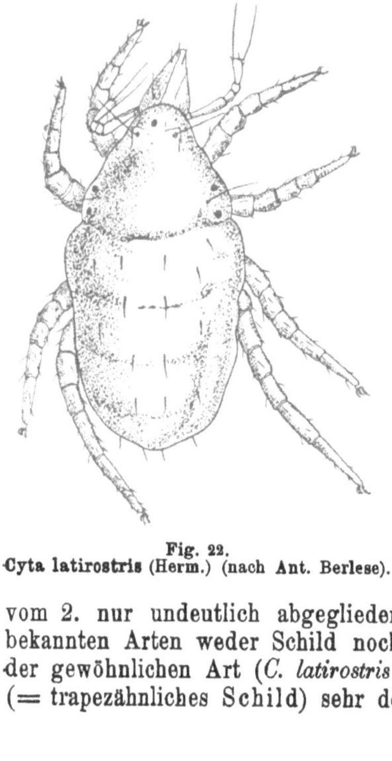

Fig. 22.
Cyta latirostris (Herm.) (nach Ant. Berlese).

sind vorhanden, 2 proximale stark lateral neben den Seitenaugen, und ein Paar spezifische Sinneshaare in den vorderen Ecken des Schildes befestigt. Ein sehr augenfälliges Gattungsmerkmal ist das 5. unpaare, mediane Auge, das distal, dicht vor der transversalen Schildlinie angebracht ist. Das Abdomen ist dorsal schwach behaart. Innerhalb der langen, ventralen Genitalöffnung sind die gewöhnlichen 3 Paar Genitalnäpfe schwach entwickelt. Dagegen sind eigentümliche Genitaltracheen (Fig. 15) vorhanden, von welchen 2—3 Paar feine Tracheenstämme nach vorwärts und lateral ausgehen. Excretionsöffnung am Körperende.

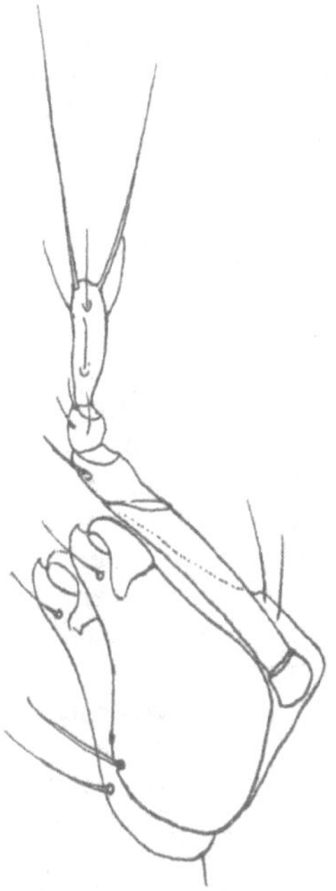

Fig. 23. Mandibeln und Palpe von **Cyta latirostris** (Herm.) (nach Ant. Berlese).

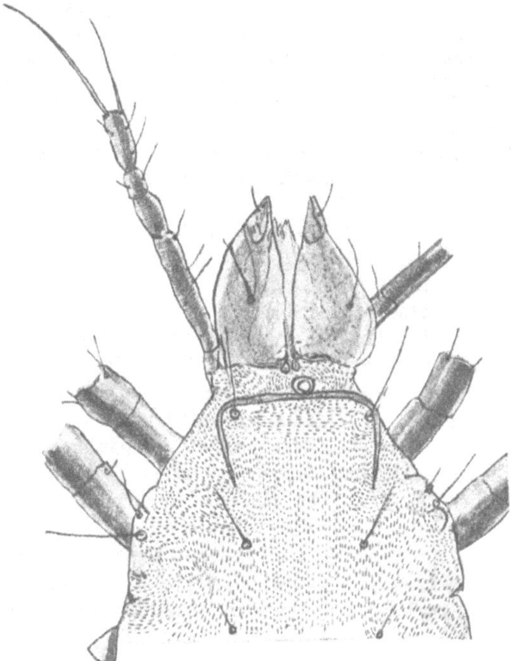

Fig. 24. Thorax und Rostrum von **Cyta latirostris** (Herm.) (nach Sig Thor).

Nymphen den Imagines ähnlich, jedoch kleiner und nur mit 4 oder ohne Genitalnäpfe. Larven noch kleiner, 6-beinig und ohne Genitalorgan.

Die Arten leben in Moos, Gras, unter Blättern, Steinen, Holzstücken usw.

2 sichere Arten und 3 Varietäten.

Analytische Bestimmungstabelle der sicheren *Cyta*-Arten:

1 a) Thorakales Schild deutlich, trapezähnlich; Mandibeln sehr kurz, proximal ziemlich hoch (dick); Körperhaare klein; Beine rot oder farblos . . . . 1. **C. latirostris**

b) Thorakales Schild sehr undeutlich; Mandibeln länger, proximal nicht viel höher als distal; Körperhaare länger, Beine blau . . . . 2. **C. coerulipes**

1. **C. latirostris** (Herm.) 1804 *Scirus l.*, J. F. Hermann, Mém. apt., p. 62 t. 3 f. 11 | 1826 *Cyta l.*, C. Heyden in: Isis, p. 608 | ?1835 *Amonia cruciata*, C. L. Koch, C. M. A., fasc. 5 nr. 7 | 1838 *Leptus latirostris*, Lamarck; Hist. An. s. Vert., ed. 2 v. 5 p. 63 |

1839 *Amonia l.* +? *megacephala*, C. L. Koch, C. M. A., fasc. 23 nr. 3, 2 | 1842 *Ammonia l.*, C. L. Koch, Übers. Arach., fasc. 3 p. 75 | 1877 *Bdella l.*, G. Canestrini & Fanzago in: Atti Ist. Veneto, ser. 5 *v.* 4 p. 175 | ?1879 *B. brevirostris* + *molissima*, L. Koch in: Svenska Ak. Handl., n. ser. *v.* 16 nr. 5 p. 132 t. 7 f. 5, 6 | 1885 *Ammonia latirostris*, G. Canestrini in: Atti Ist. Veneto, ser. 6 *v.* 3 p. 1678 t. 21 f. 2 | 1888 *Bdella l.*, Ant. Berlese in: Bull. Soc. ent. Ital., *v.* 20 p. 173 | 1891 *Ammonia l.*, Ant. Berlese, A. M. S., fasc. 59 nr. 4 | 1902 *Cyta l.*, Sig Thor in: Verh. Ges. Wien, *v.* 52 p. 160 | ?1902 *Ammonia americana*, N. Banks in: Canad. Ent., *v.* 34 p. 171 f. 5 | 1902 *Cyta latirostris*, A. C. Oudemans in: Tijdschr. Ent., *v.* 45 Versl. p. 54 | 1904 *C. l.*, Sig Thor in: Zool. Anz., *v.* 28 p. 72 | ?1905 *C. l.* var. *brevirostris*, Trägårdh in: Fauna arct., *v.* 4 p. 49 | 1909 *C. l.*, Sig Thor in: Mém. Ac. St.-Pétersb., ser. 8 *v.* 18 nr. 14 p. 6 | 1910 *C. l.*, Trägårdh in: Naturw. Unters. Sarekgebirg., *v.* 4 p. 480 | ?1913 *Bdella robustirostris*, H. E. Ewing in: Bull. Amer. Mus., *v.* 32 p. 112 t. 7 f. 3 | 1913 *Cyta latirostris*, Sig Thor in: Zool. Anz., *v.* 42 p. 30 | 1922 *C. brevirostris*, J. E. Hull in: Ann. nat. Hist., ser. 9 *v.* 10 p. 622 | 1922 *C. latirostris*, Schweizer in: Verh. Ges. Basel, *v.* 33 p. 77 | 1923 *C. brevirostris*, Summerhayes & Elton in: J. Ecology, *v.* 11 p. 221, 227, 245, 246, 263 | 1928 *C. latirostris* var. *b.*, Trägårdh in: Rep. Results Exp. Novaya Zemlya, *v.* 2 nr. 40 p. 7 | 1928 *C. brevirostris*, Summerhayes & Elton in: J. Ecology, *v.* 16 p. 208, 247, 251 | 1930 *C. latirostris*, Sig Thor in: Skr. Svalbard Ishav., nr. 27 p. 89.

Matt, dunkelrot mit dunkleren Flecken, Beine heller, mehr durchscheinend. Körper kurz, birnförmig oder fast eiförmig. Rostrum relativ kurz und breit; das ventrale, breite, rinnenförmige Maxillarorgan besitzt ventral nur wenige (3 Paar) Haare und distal in der gespaltenen Spitze 3 Hauptzipfel mit wenigen Fransen oder Härchen. Länge des Maxillarorgans ca. 110—180 μ; Breite 110 μ. Länge der Mandibeln 130—200 μ; Breite 55 μ; Höhe 65—80 μ, also die Hälfte der Länge. Schere kurz (36 μ), aber sehr kräftig; das bewegliche Krallenglied (2. Glied) stark aufwärts gebogen; ähnliche, obwohl schwächere Biegung zeigen die Endzipfel und die distalen Fransen der Maxillen. Bei keiner anderen Bdellidengattung gibt es (mit der Mandibellänge verglichen) eine so starke Schere. Die Dorsalfläche der Mandibeln zeigt feine, longitudinale, an der Basis transversale Hautstreifen. Das distale, kurze Mandibelhaar ist weit vorn, an der Mitte der Schere, dorsal, das proximale, längere Haar auf der höchsten Partie der Mandibel, ungefähr 50 μ vor der Basis, dorsal, jedoch etwas lateral befestigt. Die Palpe (Fig. 23) ist in einer halbkugeligen lateralen Erweiterung der Maxille eingelenkt, 1. Glied sehr kurz (6—20 μ), unbehaart, 2. Glied 80—110 μ l. und schließt sich dicht dem 40 μ langen 3. Glied an; das 4. Glied ist 24 μ und das 5. 50—75 μ lang. (Die Längen wechseln etwas nach dem Alter und individuell.) Der schwache Haarbesatz verteilt sich etwa folgendermaßen auf die Glieder: 2. Glied gewöhnlich mit 6—7 Haaren (davon 4 an der medianen Seite), 3. Glied mit 1, 4. Glied mit 3 und das 5. Glied mit 5—7 Haaren. Nur die beiden Endhaare des 5. Gliedes erreichen eine ansehnliche Länge (etwa 100—160 μ). Die ganze Palpenlänge (ca. 180 bis 200 μ) muß, besonders im Vergleich mit *Scirus*- oder *Molgus*-Arten als klein bezeichnet werden. Die Dorsalseite des Thorax zeigt gewisse deutliche Merkmale. An der vorderen Partie (ziemlich distal) verläuft eine starke, transversale, subcutane Chitinleiste (Linie), von etwa 150 μ Länge. Die lateralen Enden dieser Leiste biegen nach hinten und innen um und bilden zwei dünnere, gegeneinander konvergierende, ca. 90 μ lange Leisten, deren hintere Enden etwa 72—90 μ voneinander entfernt sind. Das Ganze (Fig. 24) ähnelt einem Trapez, dem die 4. (hintere) kürzere Seite fehlt. In der Medianlinie, unmittelbar vor der transversalen Leiste sitzt das mediane 5. Auge, und innerhalb der lateralen Ecken stehen die beiden distalen Sinneshaare (Pseudostigmalorgane) in großen, mit Membranen etc. ausgestatteten Poren. Die

2 Paar Seitenaugen sitzen ganz lateral, weit hinten, nicht weit vor der schwachen (häufig undeutlichen) Trennungsfurche des Abdomens und besitzen halbkugelige Linsen. Zwischen und oberhalb beider steht jederseits ein kleines Haar und hinter diesem, dem hinteren Auge genähert, das feine, längere, proximale Sinneshaar (Pseudostigmalorgan) in einer großen Pore. Die 4 Sinneshaare haben eine Länge von 170—220 µ. Das 2. Paar gewöhnlicher thorakaler Haare steht mehr median (gegenseitiger Abstand 72 µ), der hinteren Grenze des Thorax näher. Die hinteren Sinneshaare sind von C. L. Koch 1839 bei seinen drei Arten in C. M. A., Heft 23, t. 1, 2 u. 3, besonders lang (lateral) und deutlich abgebildet („Seitenborsten" genannt). — Das Abdomen bietet dorsal keine andere besondere Auszeichnung als die Körperhaare, die in 4 Reihen angebracht sind. Die beiden medianen Reihen (von je 5 Haaren) sind regelmäßiger, die beiden lateralen (von je 3 Haaren) unregelmäßig. Die Haut ist mit feinen parallelen, unterbrochenen Hautstreifen verziert. Diese laufen an der Dorsalseite des Abdomens wesentlich transversal, am Thorax unregelmäßiger, teils (im Trapez) longitudinal, teils in Kreisen (in der Umgebung der Poren usw.). Die Ventralseite besitzt mehrere Haare, gewöhnlich 4—6 an jeder Epimere, und besonders am Hinterrande des Abdomens 2—4 Paar. Neben der Excretionsöffnung befinden sich 3 Paar kleinere und 3 Paar größere Haare, neben der Genitalöffnung 4 Paar und auf den Genitalklappen 6—10 Paar kurze Haare. Ein großer Ovipositor ist bei den Weibchen vorhanden, bisweilen hervorgestoßen. Genitalnäpfe sind klein, rückgebildet oder häufig undeutlich, vielleicht fehlend. Von der Genitalöffnung verlaufen 2 Paar Tracheen (Fig. 15), das eine nach den Seiten und nach hinten, das andere in 2 Ästen verzweigt nach vorn in direkter Verbindung mit den medianen Haupttracheen. Diese Organe, ebenfalls die dorsalen Chitinleisten des Thorax und häufig das Mittelauge, kommen gewöhnlich erst in fixierten oder präparierten Tieren zum Vorschein, während bei lebenden die Farben solche Beobachtungen erschweren oder unmöglich machen. Die Beine sind relativ kurz und dick, mit wenigen Haaren, schmaler Haarsohle, Krallen vom Typus der Gattung, also ohne die sonst gewöhnlich vorhandenen lateralen Haare. Bei einem ohne Mandibeln 570 µ messenden Weibchen sind die Längen der Beine: 1. Beinpaar 317 µ; 2. 320 µ; 3. 475 µ; 4. 480 µ, also nicht von Körperlänge. L. des Körpers (ohne Rostrum) 450—700 µ; mit Rostrum bis 1000 µ; Br. 200—400 µ.

Die Nymphen ähneln den Imagines, sind aber kleiner: 300—500 µ (ohne Mandibeln), mit Mandibeln 400—620 µ lang. Die inneren Organe (bes. Genitalorgane) sind einfacher; 2 Paar Genitalnäpfe oder fehlend.

Die Larven ähneln ebenfalls den Erwachsenen, sind aber viel kleiner: 200—300 µ (ohne Mandibeln), mit Mandibeln 220—330 µ, und haben nur 3 Beinpaare. Sie besitzen schon die trapezähnlichen thorakalen Chitinleisten und 2 Paar wohlentwickelte Sinneshaare; Palpenlänge kaum 100 µ. Genitalöffnung nicht entwickelt.

C. l. wird häufig in Moos, Gras, Heu, unter Steinen und Brettern gefunden. Diese Art scheint weit verbreitet zu sein, nicht nur in Europa, sondern auch in Asien und Amerika, besonders häufig in der nördlichen zirkumpolaren Zone. Indessen dürfen diese Angaben nicht als endgültig betrachtet werden; vielleicht gibt es darunter mehrere Arten, die aber so unvollständig beschrieben sind, daß sie sich nicht sicher unterscheiden lassen.

1a. C. l. var. **fusca** (Can.) 1896 *Ammonia l.* var. *f.*, G. Canestrini in: Bull. Soc. Veneto-Trent., *v.* 6 p. 92.

Unterscheidet sich von der Nominatform durch die dunkle Färbung; alle Körperteile sind dunkelbraun, fast schwarz.

Zwei Exemplare aus Bolivien.

1b. **C. l. var. brevirostris** (L. Koch) 1879 *Bdella b.* + *molissima*, L. Koch in: Svenska Ak. Handl., n. ser. *v.* 16 nr. 5 p. 132 t. 7 f. 5, 6 | 1900 *Ammonia brevirostris*, Trägårdh in: Bih. Svenska Ak., *v.* 26 nr. 7 p. 15 t. 2 f. 7, 8 | 1902 *A. b.*, Trägårdh in: ibid., *v.* 28 nr. 5 p. 8 | 1905 *Cyta latirostris* var. *brevirostris*, Trägårdh in: Fauna arct., *v.* 4 p. 49, 75 | 1909 *C. l.*, Sig Thor in: Mém. Ac. St.-Pétersb., ser. 8 *v.* 18 nr. 14 p. 6, 21 | 1910 *C. l.* var. *brevirostris*, Trägårdh in: Naturw. Unters. Sarekgebirg., *v.* 4 p. 480 | ?1922 *C. brevirostris*, J. E. Hull in: Ann. nat. Hist., ser. 9 *v.* 10 p. 622 | ?1928 *C. b.*, Summerhayes & Elton in: J. Ecology, *v.* 16 p. 247, 251 | ?1930 *C. latirostris*, Sig Thor in: Skr. Svalbard Ishav., nr. 27 p. 89–91 t. 16 fig. 46.

Die hier erwähnte Form wird nach I. Trägårdh als eigene Varietät aufgeführt, während Verf. sie für ein Synonym hält. Die Beschreibung und die Figuren von L. Koch sind in mehreren Beziehungen unrichtig und mangelhaft. Nach I. Trägårdh soll die arktische Varietät sich von der Hauptart dadurch unterscheiden, daß die Palpen (besonders das 2., 4. und 5. Glied) und die Endborsten derselben stark verkürzt sind. Bei den vom Verf. auf Svalbard (Spitzbergen) und Bäreninsel gesammelten Exemplaren stimmt sowohl die Palpenlänge als die Borstenlänge mit den entsprechenden Längen bei norwegischen und dänischen Exemplaren überein (vergl. Sig Thor in: Skr. Svalbard Ishav., nr. 27 p. 90).

Nach Trägårdh auf Novaja Semlja, Bären-Insel, Jan Mayen, Sibirien und Grönland.

2. **C. coerulipes** (Ant. Dug.) 1834 *Bdella c.*, Ant. Dugès in: Ann. Sci. nat., ser. 2 *v.* 1 p. 21 | 1834 *B. c.*, Ant. Dugès in: ibid., ser. 2 *v.* 2 p. 45 t. 7 f. 21 | 1835 *Amonia chlorophana* (*A. chloropus* err.), C. L. Koch, C. M. A., fasc. 5 nr. 8 | ?1839 *A. leucocephala*, C. L. Koch, ibid., fasc. 23 nr. 1 | 1842 *Ammonia chloropus*, C. L. Koch, Übers. Arach., fasc. 3 p. 76 | 1881 *Bdella crassirostris*, P. Kramer in: Z. Naturw., *v.* 54 p. 442 t. 4 f. 7 | 1882 *B. c.*, G. Haller in: Jahresh. Ver. Württemb., *v.* 38 p. 313 | 1883 *B. chloropus*, Ant. Berlese in: Bull. Soc. ent. Ital., *v.* 15 p. 214 | 1891 *Ammonia coeruleipes*, Ant. Berlese, A. M. S., fasc. 59 nr. 5 | 1912 *Cyta lutea*, C. F. George in: Naturalist London, p. 236 | ?1913 *Bdella robustirostris*, H. E. Ewing in: Bull. Amer. Mus., *v.* 32 p. 112 t. 7 f. 3 | 1918 *Cyta coeruleipes*, J. E. Hull in: Tr. nat. Hist. Soc. Northumb., n. ser. *v.* 5 p. 37.

Fig. 25. Mandibel von **Cyta coerulipes** (Ant. Dug.) (nach Ant. Berlese).

Blutrot, mit blauen Beinen, die einzelne längere Haare besitzen. Ebenfalls sind mehrere (10) Haare am hinteren Körperende relativ lang. Der Körper hat gleichfalls eine relativ größere Länge. Das 2. Palpenglied ist bedeutend länger als bei *C. latirostris* (Herm.), wodurch die Palpen länger als das Rostrum werden; 2. Glied mehr als 2 mal länger als das 5. Glied. Dorsalschild nicht erwähnt. Der deutlichste Unterschied von der Vergleichsart liegt in der Form der Mandibeln (Fig. 25), die bei *C. c.* besonders an der Basis weniger hoch sind; die Länge macht mehr als die doppelte Höhe aus, und die proximale Höhe ist relativ viel geringer als bei *C. l.* Dagegen scheint die Färbung etwas zu variieren. Es ist schwer zu entscheiden, ob alle die oben zitierten Arten von Koch, Kramer, George, Ewing u. a. m. wirklich hierher gehören. Die Beschreibungen und Figuren sind zu unvollständig, um eine sichere Unterscheidung von verwandten Arten zu gewährleisten. Deshalb wird man genötigt sein, die zitierten Arten nur als Synonyme aufzuführen. L. etwa 500 µ.

C. c. ist von Frankreich, Italien, England, Deutschland und Amerika bekannt, kommt aber selten vor. Das dürfte vielleicht davon herrühren, daß die Unterscheidung der kleinen Art ziemlich schwer ist; sie hat wahrscheinlich eine weitere Verbreitung.

Eine von N. Banks beschriebene *Ammonia americana*, N. Banks 1902 (Canad· Ent., *v.* 34 p. 171 f. 5) gehört aber nicht zu *Cyta*, wenn die Figur einigermaßen korrekt ist. Nach den Mandibeln und Mandibelhaaren zu schließen, gehört sie der Gattung *Bdella* an.

2. Gen. **Bdella** Latr.

1746, *Acarus*, Linné, Fauna Svec., ed. 1 p. 349 | 1758 *A.*, Linné, Syst. Nat., ed. 10 p. 615 | 1762 *Chelifer*, L. Geoffroy, Hist. Ins., *v.* 2 p. 618 t. 20 f. 5 | 1762 *Acarus*, Ström, Beskr. Söndmör, *v.* 1 p. 196 | 1776 *A.*, O. F. Müller, Zool. Dan. Prodr., p. 187 | 1779 *A.*, J. C. Fabricius, Reise Norweg., p. 264 | 1780 *A.*, O. Fabricius, Fauna Groenl., p. 224 | 1795 *Bdella*, Latreille in: Mag. enc., *v.* 4 p. 18 | 1796 *B.*, Latreille, Précis Caract. Ins., p. 180 | 1804 *Scirus*, J. F. Hermann, Mém. apt., p. 60—62 t. 3 f. 9, 10; t. 6 f. 12 | 1821 *Bdella*, Say in: J. Ac. Philad., *v.* 2 p. 74 | 1826 *B.*, C. Heyden in: Isis, p. 608 | 1834 *B.*, Ant. Dugès in: Ann. Sci. nat., ser. 2 *v.* 1 p. 21; *v.* 2 p. 44 | 1835 *B.*, C. L. Koch, C. M. A., fasc. 1 nr. 23 | 1838 *B.*, Lamarck, Hist. An. s. Vert., ed. 2 *v.* 5 p. 70 | 1842 *B.*, C. L. Koch, Übers. Arach., fasc. 3 p. 73 | 1861 *B.*, Fürstenberg, Krätzm., p. 208 | 1872 *B.*, Thorell in: Öfv. Ak. Förh., *v.* 28 p. 698 | 1876 *B.*, P. Kramer in: Arch. Naturg., *v.* 42 I p. 183, 184 | 1877 *B.*, P. Kramer in: ibid., *v.* 43 I p. 244, 245 | 1881 *B.*, P. Kramer in: Z. Naturw., *v.* 54 p. 440 | 1882 *B.*, G. Haller in: Jahresh. Ver. Württemb., *v.* 38 p. 313 | 1885 *B.*, G. Canestrini in: Atti Ist. Veneto, ser. 6 *v.* 3 p. 1671 | 1892 *B.*, Trouessart in: Rev. Sci. nat. Ouest, *v.* 2 p. 36 | 1893 *B.*, Ant. Berlese, A. M. S., Prost. p. 40, 42 | 1897 *B.*, A. C. Oudemans in: Tijdschr. Ent., *v.* 40 p. 113 | 1899 *B.*, N. Banks in: Jordan, Fur Seals, pars 4 App. C p. 349 | 1902 *B.*, Sig Thor in: Verh. Ges. Wien, *v.* 52 p. 159, 162 | 1902 *B.*, Trägårdh in: Bih. Svenska Ak., *v.* 27 nr. 9 p. 5 | 1902 *Amonia*, N. Banks in: Canad. Ent., *v.* 34 p. 171 f. 5 | 1904 *Bdella*, Sig Thor in: Zool. Anz., *v.* 28 p. 71, 73 | 1927 *B.*, Sig Thor in: Annuaire Mus. Leningrad, *v.* 27 p. 134, 136 | 1929 *B.*, Vitzthum in: Tierw. Mitteleur., *v.* 3 p. VII 58 | 1929 *Bdellidium*, A. C. Oudemans in: Ent. Ber. Nederl. Ver., *v.* 7 p. 449 | 1929 *B.*, A. C. Oudemans in: Tijdschr. Ent., *v.* 72 Suppl. p. 313 | 1929 *Bdella*, Sig Thor in: N. Mag. Naturv., *v.* 67 p. 190 t. 6.

Bdella[1]) nähert sich in mehreren Beziehungen *Cyta*, hat aber das Rostrum und die Mandibeln stark verlängert. Beide Mandibularhaare befinden sich weit hinter der kleinen Schere, das eine ziemlich proximal, das andere vor der Mitte dorsal befestigt (Fig. 27b). Die Palpen gehören demselben Typ wie bei *Cyta* an. Das 2. Glied ist lang, das 5. verkürzt und gegen das distale

[1]) Da über *Bdella* und die Hauptart *B. longicornis* (Linné) abweichende Anschauungen geäußert worden sind, scheint es hier notwendig, die Sache zu untersuchen, um die nach Erachten des Autors richtige Auffassung kurz darzustellen.

Bdella wurde von Latreille 1795 in: Mag. enc., *v.* 4 p. 18 mit einer kurzen Definition aufgestellt. Glücklicherweise wurde aber ausdrücklich „la pince rouge de Geoffroi" angegeben. Diese Milbe darf danach als „Type" betrachtet werden, obwohl nicht das Wort „Type" benutzt wird, was damals nicht wie jetzt üblich war. Im folgenden Jahre gibt Latreille 1796 („Précis Caract. Ins." p. 180) wieder eine etwas geänderte Definition mit ähnlicher Typenangabe, indem nebeneinander: „*Acarus longicornis* L., F. und *Chelifer* Geoff." angeführt werden, offenbar um die Identität dieser Milben („Ticks") hervorzuheben. Da die ältere Beschreibung von *A. l.* L. ohne Figur und recht unvollständig ist, wird es notwendig, die Beschreibung und die erste *Bdelliden*-Figur von Geoffroy 1762, Hist. Ins., *v.* 2 p. 618 – 619 t. 20 f. 5 zu betrachten. Geoffroy schreibt: „*Chelifer totus ruber, antennis extremo bisetis*, Linn. faun. suec.

n. 1205. *Acarus petrarum ruber, antennis rostro longioribus.* Linn. Syst. nat. edit. 10, p. 618, n. 26. *Acarus longicornis.* La pince rouge. Longueur $^1/_3$ ligne. Sa forme est allongée & comme en poire. Sa tête est pointue en-devant, & je n'y ais point remarqué vers la bouche les deux petites pinces que l'on voit dans le précédent [= Le scorpion-araignée]. Ses antennes plus longues que sa tête, ressemblent à celles du scorpion-araignée, si ce n'est que les articulations dont elles sont composées sont plus grelles, plus minces, & que la pince d'extrémité est formée par deux longs filets, dont l'un est un peu plus court que l'autre. Le ventre est entièrement d'une couleur rouge foncée. Les pattes au nombre de huit sont assez longues & d'un rouge un peu plus pâle. On trouve cet insecte sous les pierres et sous les écorces d'arbres". Diese Beschreibung ist sehr allgemein, paßt auf mehrere Bdelliden, enthält jedoch nichts, das gegen *B. l.* spricht. Dagegen liefert die ursprüngliche Figur (t. 20 f. 5) einzelne Charaktere, die bestimmt auf diese Art hinzeigen und andere ausschließen. Gewiß entspricht sie nicht den modernen Anforderungen und enthält einzelne Fehler und Mängel. So ist das Rostrum zu spitz, die Vorderbeine zu weit hinten angebracht; Haare und Augen fehlen. Die beiden dunklen Flecke an den Einlenkungsstellen der Palpen sind jedoch nicht von Geoff. als Augen bezeichnet, sondern sind dunkle Flecke an den Basalgliedern. Eine *B.* darf schematisch sehr wohl als birnförmig bezeichnet werden. Das besonders Charakteristische in der Figur (t. 20 f. 5) sind die Palpen und die 2 Paar langen Endborsten, die mit überraschender Deutlichkeit die Gattung *Bdella* und die typische Art *B. l.* (L., offenbaren. Das 2. Palpenglied ist lang und relativ schmal; das 5. ist kürzer und gegen das distale Ende hin erweitert. Die beiden Endborsten des 5. Gliedes haben eine Länge fast wie die ganze Palpe oder $^3/_4$ derselben. Dies ist gewöhnlich bei *B.* der Fall, dagegen nicht bei den anderen in Frage kommenden Gattungen, und jedenfalls nicht bei *Scirus longirostris*, 1804, J. F. Hermann, Mém. apt., t. 6 f. 12, wo die Endborsten nur die halbe Palpenlänge oder nur die Länge des 5. Gliedes erreichen. Sowohl an der linken als an der rechten Palpe sind in Geoffroys Figur ganz korrekt die lateralen (externen) Endborsten länger als die medianen (internen) abgebildet. Das 5. Palpenglied von *S. l.* ist fast nicht erweitert, sondern ebenmäßig schmal, und kann als zylindrisch bezeichnet werden. Dagegen hat Hermann bei seiner Art: *S. vulgaris* (ibid. t. 3 f. 9 u. 10 und t. 9 f. 5) ausdrücklich die Erweiterung des 5. Gliedes und die langen Endborsten hervorgehoben und in Übereinstimmung damit p. 61 die Vermutung ausgesprochen, daß *S. v.* mit *A. longicornis* L. und mit Geoffroys f. 5 zusammenfalle. Diese Identifizierung ist noch die einzig mögliche, da man bis jetzt keine Unterscheidungsmerkmale zwischen diesen Formen angeben konnte. (In späteren Ausgaben von Geoffroy's „Hist. Ins." ist die Fig. 5 (t. 20) geändert und falsch reproduziert, was irre führt.) Die Gattung *Scirus* Herm. ist nach unseren Begriffen eine Kollektivgattung (vgl. Hermann p. 60: „Je comprends sous le nom de Ciron [= *Scirus*] les mites dont Linné et Geoffroy n'ont connu qu'une seule espèce, appelée . . . *acarus longicornis*" . . .). Diese Gattung besteht jetzt aus mehreren: *Bdella*, *Cyta*, *Cunaxa* und *Scirus* mit der typischen Art *longirostris* Herm. Aus dieser Übersicht ergeben sich also folgende Resultate. *Bdella* Latr. 1795 wird weniger durch die mangelhafte Beschreibung als durch die erste Figur von Geoffroy (t. 20 f. 5) festgelegt. Diese Figur zeigt deutlich das 5. Palpenglied distal erweitert und mit 2 sehr langen Endborsten ausgestattet, ganz wie *B. vulgaris* (Herm.) 1804, später von Hermann, Berlese und vielen anderen dargestellt worden ist. Mit *Scirus longirostris* Herm. läßt *B.* sich aus den obengenannten Gründen nicht identifizieren. Schon von Latreille selbst (1796) und in einer Reihe von späteren Arbeiten wird *Acarus longicornis* L. als mit Geoffroy's „Pince rouge" identisch erklärt und darf danach als „Type" für *B.* betrachtet werden. Die unvollständige Definition von *B. longicornis* (L.) muß also (wie gewöhnlich bei Linné's Arten) mit Hilfe von späteren Beschreibungen und Angaben vervollständigt werden. Dabei wird *B. vulgaris* (Herm.) 1804 für synonym mit

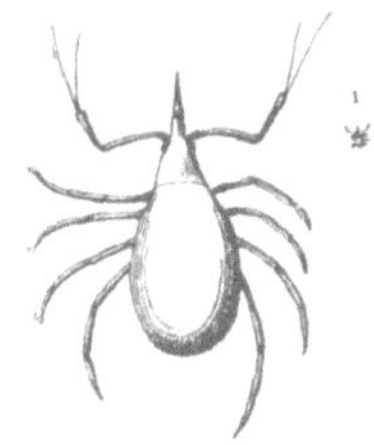

Fig. 26.
Bdella longicornis (L.)
(nach Geoffroy).

Ende hin stark verbreitert, dreieckig oder eirund, mit 2 (oder 3) außerordentlich langen Endhaaren (als Tastborsten bezeichnet). Das 3. Glied ist etwas mehr vom 2. getrennt (Fig. 27 c). Auf dem Thorax sitzen die beiden Augenpaare sehr lateral; kein Medianauge. Die 4 Haarpaare stehen mehr median als bei *Cyta* (Fig. 28 b). Sehr charakteristisch sind die beiden longitudinalen, subcutanen, leistchenförmigen Dorsalschilder, gewöhnlich getrennt, bisweilen vorn vereinigt, nach den Arten verschieden. Körperhaare, Epimeren und Beine etwas mehr entwickelt als bei *Cyta*; so besitzen die Krallen bei *Bdella* feine, gebogene, laterale Härchen, die den Krallen ein kammähnliches Aussehen verleihen, zwischen den Krallen eine Haarsohle. Unter den Genitalklappen sind 3 Paar innere Genitalnäpfe (keine Genitaltracheen) deutlich.

Die Nymphen mit kürzeren Palpen und nur 2 Paar Genitalnäpfen sind kleiner als die Imagines.

Die Larven sind noch kleiner, ohne Genitalöffnung; nur wenige lassen sich zur Zeit unterscheiden, und noch wenigere sind gut beschrieben. Die Entwicklung scheint ganz einfach, direkt.

15 Arten, 7 Varietäten, 10 unsichere Arten.

Analytische Bestimmungstabelle der *Bdella*-Arten:

1 a) Rostrum und Mandibeln außerordentlich schmal und deshalb anscheinend sehr lang 11
   b) Rostrum und Mandibeln von gewöhnlicher Länge und Breite 2
2 a) Sämtliche Beine außergewöhnlich dick; Körper einfarbig scharlachrot; am hinteren Körperrande viele kurze Börstchen . . . . . 3. **B. crassipes**
   b) Beine (wenigstens die 4 Vorderbeine) von gewöhnlicher Dicke. Körper neben der roten Farbe mit mehreren Flecken. Haare lang oder mittellang, nie ganz klein 3
3 a) Körper verhältnismäßig schmal, mit starken Schulterecken. Rostrum und Mandibeln relativ lang und schmal; Beine nicht stark 4
   b) Körper von mittlerer Breite; Rostrum und Mandibeln mittelbreit; Beine mittelstark 6
4 a) Haut rautenförmig oder polygonal gefeldert . . . . . 15. **B. tessellata**
   b) Haut gewöhnlich, fein liniiert oder gestreift, mit feinen, unterbrochenen Streifen 5
5 a) 5. Palpenglied abgerundet oder schwach eckig und von gewöhnlicher Länge . . . . 4. **B. dispar**
   b) 5. Palpenglied sehr kurz und distal quer abgeschnitten . . 5. **B. tenella**
6 a) Die beiden thorakalen Dorsalschilder sehr kurz, nur von halber Länge, S-förmig gebogen und an den lateralen Seiten von je einer breiten, netzförmigen Bildung begleitet . . . . 2. **B. semiscutata**
   b) Die beiden Dorsalschilder lang oder sehr lang, gerade oder eckig oder halbzirkelförmig gebogen 7
7 a) Die beiden longitudinalen Dorsalschilder vorn durch eine transversale, häufig gebogene, subcutane Schildleiste („Brücke“) verbunden, wodurch eine glockenähnliche Figur (Berlese's „*Signum*“) gebildet wird 9
   b) Die beiden longitudinalen Dorsalschilder vorn (distal) getrennt, nicht durch eine „Brücke“ verbunden 8

B. longicornis gehalten werden, wie auch Hermann selbst (Mém. apt., p. 61) vermutet. Um den von Linné gegebenen und später eingebürgerten Namen anzuwenden, muß man die an Linné's Fundorten (in Schweden) und angrenzenden Gebieten (neben *Acarus littoralis*) am häufigsten vorkommende *B.*-Art (mit 2 langen, longitudinalen, subcutanen, vorn getrennten thorakalen Schildern (vgl. f. 28 b) als *B. longicornis* (L.) 1758 betrachten. Die Gattung *Bdella* ist jedenfalls klar und wird leicht von späteren Gattungen (*Scirus*, *Cyta*, *Spinibdella*, *Trachymolgus*, *Biscirus* und *Molgus*) unterschieden.

8 a) Die beiden Dorsalschilder fast gerade, sehr lang; sie reichen bis vor die beiden distalen Sinneshaare; 5. Palpenglied distal sehr stark erweitert: 1. **B. longicornis**

b) Die beiden Dorsalschilder kürzer und dick, halbzirkelförmig nach innen gebogen; Mandibeln und Palpen kurz . . . . 9. **B. pulchella**

9 a) Die vordere, transversale Schildleiste („Brücke") deutlich, bisweilen sehr stark 10

b) Die vordere Schildleiste verschwindend; die beiden longitudinalen Schilder fast parallel, hinten eckig nach einwärts gebogen; das 3. und 4. Beinpaar viel dicker und länger als bei anderen Arten. L. 1300 μ . 7. **B. validipes**

10 a) Mandibeln 4 mal, 5. Palpenglied 7 mal länger als breit; die feinen Hautstreifen im „*Signum*" zwischen den Schildern laufen hauptsächlich longitudinal. L. 1650 μ . . . . 6. **B. iconica**

b) Mandibeln dünner, 5 mal länger als breit; 5. Palpenglied 10 mal länger als breit; die feinen Hautstreifen im „*Signum*" zwischen den Schildern laufen hauptsächlich transversal, in der Mitte jedoch winkelförmig nach hinten gebogen. L. 1650 μ . . . . 8. **B. strandi**

11 a) 5. Palpenglied dreieckig, quer abgeschnitten; Rostrum (ventral) nur mit 2 Paar Haaren. L. 850 μ . . . . 10. **B. antarctica**

b) 5. Palpenglied sehr kurz, eiförmig oder schräg abgeschnitten; Rostrum (ventral) mit mehreren Haarpaaren 12

12 a) Palpen lang und schlank; 5. Glied dreieckig 13

b) Palpen mittellang oder kurz; 5. Glied sehr kurz, abgerundet 14

13 a) 2. Palpenglied an der medianen Seite feinborstig (behaart); 5. Glied dreieckig, schräg abgeschnitten, mit langen Endborsten; bleich rosenrot: 11. **B. spinirostris**

b) 2. Palpenglied an der medianen Seite fast haarlos; 5. Glied sehr kurz, distal abgerundet mit 6 Haaren; die beiden Endborsten von Palpenlänge; gelblichgrün; L. 700 μ . . . . 14. **B. corticis**

14 a) Palpen ungefähr so lang wie die Mandibeln (170—230 μ), 5. Glied fast so breit wie lang. Körperhaare kurz oder mittellang. L. 660 μ: 12. **B. lignicola**

b) Palpen kürzer als Mandibeln (270 μ l.); 5. Glied etwa 2 mal länger als breit (25 μ br.); Mandibeln sehr dünn, etwa 9 mal länger als breit; Körperhaare ziemlich lang. L. 900 μ . . . . 13. **B. subulirostris**

1. **B. longicornis** (L.) 1746 „Acarus petrarum ruber, antennis rostro longioribus", Linné, Fauna Svec., ed. 1 p. 349 | 1752 „Acarus petrarum ruber antennis longioribus", Hill, Gen. nat. Hist., *v.* 3 p. 24 | 1758 *Acarus longicornis*, Linné, Syst. Nat., ed. 10 p. 618 | 1759 „Acarus petrarum ruber, antennis rostro longioribus", Chenaye des Bois, Dict. rais., *v.* 1 p. 647 | 1761 *Acarus longicornis* + *rupestris*, Linné, Fauna Svec., ed. 2 p. 484 | 1762 „Chelifer totus ruber, antennis extremo bisetis", L. Geoffroy, Hist. Ins., *v.* 2 p. 618 t. 20 f. 5 | ? 1762 *Acarus citri*, Hasselquist, Reise Paläst., p. 471 | 1762 „Acarus petrarum ruber, antennis rostro longioribus", Ström, Beskr. Söndmör, *v.* 1 p. 196 | 1763 „Stone mite", Brookes, N. Syst. nat. Hist., *v.* 4 p. 278 | 1768 *Acarus longicornis*, Valmont de Bomare, Dict. rais., ed. 2 *v.* 5 p. 29 | 1769 *A. l.*, Houttuyn, Natuurl. Hist., *v.* 1 Teil 13 p. 154 | 1771 „Smaa blodröde Spindeler paa Stene", Glahn, Anmärkn. Crantz. Hist. Grönl., p. 94 | 1772 *Acarus*, Eggert Olafsen & Bjarne Povelsen, Reise Island, p. 608 | 1773 „Acarus petrarum ruber", Hill, Gen. nat. Hist., ed. 2 *v.* 3 p. 24 | 1773 *Acarus longicornis*, Yeats, Inst. Ent., p. 245, 246 | 1775 *A. l.*, J. C. Fabricius, Syst. Ent., p. 815 | ? 1775 *A. rupestris*, Hammer, Fauna Norveg., p. 157 | 1775 *A. longicornis*, St. Müller, Naturs. Linné, *v.* 5 II p. 1056 | 1776 *A. l.*, O. F. Müller, Zool. Dan. Prodr., p. 187 | 1787 *A. l.*, J. C. Fabricius, Mant. Ins., *v.* 2 p. 374 | 1790 *A. l.*, J. F. Gmelin-Linné, Syst. Nat., ed. 13 *v.* 1 v p. 2930 | 1792 *A. l.*, A. G. Olivier in: Enc. méth., *v.* 7 p. 694 | 1794 *A. l.*, J. C. Fabricius, Ent. syst., *v.* 4 p. 433 | 1795 *Bdella* [„Pince rouge"], Latreille in: Mag. enc., *v.* 4 p. 18 | 1796 *B. longicornis*, Latreille, Précis Caract. Ins., p. 180 | 1798 *Acarus l.*, Adams, Ess. Micr., ed. 2 p. 703 | ? 1799 *A. l.*, J. Rathke in: Skr. Naturh.-Selsk., *v.* 5 I p. 199 | 1801 *Bdella rubra*, Lamarck, Syst. An. s. Vert., p. 179 | 1802 *Acarus longicornis*, J. F. Gmelin, Gen. Syst. Nat., *v.* 3 p. 706 |

1802 *A. l.*, Walckenaer, Faune Paris., *v.* 2 p. 424 | 1803 *A. l.*, Krünitz, Ökon.-technol. Enc., *v.* 90 p. 334 | 1804 *Scirus vulgaris* (? *A. longicornis* L.), J. F. Hermann, Mém. apt., p. 61 t. 3 f. 9, 10; t. 9 f. S | 1806 *Bdella rubra*, Latreille, Gen. Crust. Ins., *v.* 1 p. 153 | ? 1817 *B.? longicornis*, G. Cuvier, Règne an., *v.* 3 p. 120, 121 | 1821 *B. oblonga*, Say in: J. Ac. Philad., *v.* 2 p. 74, 75 | ? 1826 *B. rubra*, C. Heyden in: Isis, p. 608 | 1834 *B. vulgaris* + *longicornis*, Ant. Dugès in: Ann. Sci. nat., ser. 2 *v.* 1 p. 21; *v.* 2 p. 45 | 1835 *B. vestita*, C. L. Koch, C. M. A., fasc. 1 nr. 23 | 1837 *B. v.*, Guérin-Méneville, Iconogr. Règne an., *v.* 2 Arach. t. 6 f. 3 | ? 1839 *B. vulgaris* + ? *cruentata*, C. L. Koch, C. M. A., fasc. 23 nr. 8, 10 | 1842 *B. vestita* + *vulgaris* + ? *cruentata* + ? *phoenicea*, C. L. Koch, Übers. Arach., fasc. 3 p. 74 | ? 1852 *B. podurophila*, A. White in: Sutherland, J. Voy. Baffin's Bay, *v.* 1 p. 210 | 1876 *B. longicornis*, P. Kramer in: Arch. Naturg., *v.* 42 p. 184 | 1881 *B. arenaria*, P. Kramer in: Z. Naturw., *v.* 54 p. 444 t. 4 f. 10 | 1883 *B. borealis*, P. Kramer & C. J. Neuman in: Vega-Exp., *v.* 3 p. 525 t. 41 f. 1 | 1885 *B. vulgaris*, G. Canestrini in: Atti Ist. Veneto, ser. 6 *v.* 3 p. 1671 t. 21 f. 1 | 1887 *B. v.*, Ant. Berlese, A. M. S., fasc. 45 nr. 7 | 1890 *B. v.*, Moniez in: Rev. biol. Nord France, *v.* 3 p. 30 | 1893 *B. arenaria*, Karpelles in: Verh. Ges. Wien, *v.* 43 p. 421—30 | 1894 *B. vulgaris*, Trouessart in: J. Anat. Physiol. Paris, *v.* 30 p. 117 | 1894 *B. cardinalis*, N. Banks in: Tr. Amer. ent. Soc., *v.* 21 p. 219 | 1896 *B. vulgaris*, A. D. Michael in: Tr. Linn. Soc. London, ser. 2 *v.* 6, 7 p. 478 | 1897 *B. longicornis*, A. C. Oudemans in: Tijdschr. Ent., *v.* 40 p. 113, 115 | 1901 *B. l.*, A. C. Oudemans in: Tijdschr. Nederl. dierk. Ver., ser. 2 *v.* 7 p. 279 | 1902 *B vulgaris*, Trägårdh in: Bih. Svenska Ak., *v.* 27 nr. 9 p. 22; *v.* 28 nr. 5 p. 8 | 1902 *B. longicornis*, Sig Thor in: Verh. Ges. Wien, *v.* 52 p. 159 | ? 1902 *Ammonia americana*, N. Banks in: Canad. Ent., *v.* 34 p. 171 f. 5 | 1904 *Bdella longicornis*, Sig Thor in: Zool. Anz., *v.* 28 p. 69, 73 | 1905 *B. vulgaris*, Trägårdh in: Fauna arct., *v.* 4 p. 47 | 1907 *B. longicornis*, H. Neuville in: Bull. Mus. Paris, *v.* 13 p. 567 | 1909 *B. l.*, Sig Thor in: Mém. Ac. St.-Pétersb., ser. 8 *v.* 18 nr. 14 p. 7 | 1910 *B. l.*, Trägårdh in: Naturw. Unters. Sarekgebirg., *v.* 4 p. 478 | 1913 *B. l*, Sig Thor in: Zool. Anz., *v.* 42 p. 30 | 1915 *B. vulgaris*, J. N. Halbert in: P. Irish Ac., *v.* 31 p. 113 | 1918 *B. v.*, J. E. Hull in: Tr. nat. Hist. Soc. Northumb., n. ser. *v.* 5 p. 38 | 1920 *B. decipiens*, J. N. Halbert in: P. Irish Ac., *v.* 35 p. 142 | ? 1922 *B. d.*, J. E. Hull in: Ann. nat. Hist., ser. 9 *v.* 10 p. 622 | 1922 *B. longicornis*, Schweizer in: Verh. Ges. Basel, *v.* 33 p. 78 | 1927 *B. l.*, Sig Thor in: Annuaire Mus. Leningrad, *v.* 27 p. 137 | ? 1928 *B. decipiens*, Summerhayes & Elton in: J. Ecology, *v.* 16 p. 208, 216, 235, 246, 247, 262 | 1928 *B. longicornis*, Sig Thor in: Zool. Anz., *v.* 77 p. 214, 217 f. 3 | 1929 *Bdellidium vulgare*, A. C. Oudemans in: Ent. Ber. Nederl. Ver., *v.* 7 p. 449 | 1929 *Bdella longicornis*, Vitzthum in: Tierw. Mitteleur., *v.* 3 p. VII 58 | 1929 *Bdellidium vulgare*. A. C. Oudemans in: Tijdschr. Ent., *v.* 72 Suppl. p. 313 | 1930 *Bdella longicornis*, Sig Thor in: Skr. Svalbard Ishav., nr. 27 p. 92.

Körper langgestreckt, schmal birnenförmig (Fig. 27a), rot, mit dunkleren Flecken. Rostrum lang oder mittellang, gegen das Ende hin ebenmäßig schmaler und in der Spitze 3 teilig mit Fransen und einem Paar kleiner Härchen. Die Ventralseite des Maxillarbodens trägt gewöhnlich 6 Paar lange Haare, deren Stellung am besten aus der Fig. 28a hervorgeht. Mandibeln ungefähr von der Länge des Rostrum, ca. 350—460 µ lang (etwa $^1/_4$ der Körperlänge); distale Hälfte sehr schmal und dünn (Fig. 27b), das distale Haar steht etwas vor der Mitte, das andere im proximalen Viertel, beide von ansehnlicher Länge (etwa 120 µ). Die Schere ist klein, etwa $^1/_{20}$ der Mandibellänge. Die seitlich eingelenkten, ellbogenförmig geknickten Maxillarpalpen ähneln denjenigen von *Cyta*, sind aber größer; die Gliedlängen sind beispielsweise: 1. Glied 24 µ; 2. 240 µ; 3. 48 µ; 4. 36 µ; 5. 130 µ (also ungefähr halb so lang wie das 2. Glied); größte Breite des 5. Gliedes etwa 36 µ, also etwa $^1/_8$ der Länge. Das 5. Glied hat die für die Gattung besonders charakteristische (annähernd dreieckige) Form. Es ist proximal schmal, distal stark erweitert mit schräg abgeschnittenem Ende versehen (Fig. 27 c). Die 3 Endhaare sind viel länger als die anderen. Besonders 2 Endborsten sind außerordentlich lang, die mediane 240 μ, die laterale (distale) 310 μ, also $^{2}/_{3}$ der ganzen Palpenlänge, jedoch sehr variabel, wie auch die Zahl der Palpenhaare; beispielsweise hat das 2. Glied 15—17 Haare, das 3. 1, das 4. 4 und das 5. 5—8 Haare. Dorsal am Thorax stehen die gewöhnlichen 4 Haarpaare (Fig. 28b); von diesen sind 2 Paare feine, spezifische Sinneshaare (Pseudostigmalorgane) in eigentümlichen (membranentragenden) Poren, nicht lateral, sondern der Medianlinie ebenso nahe wie den Augen;

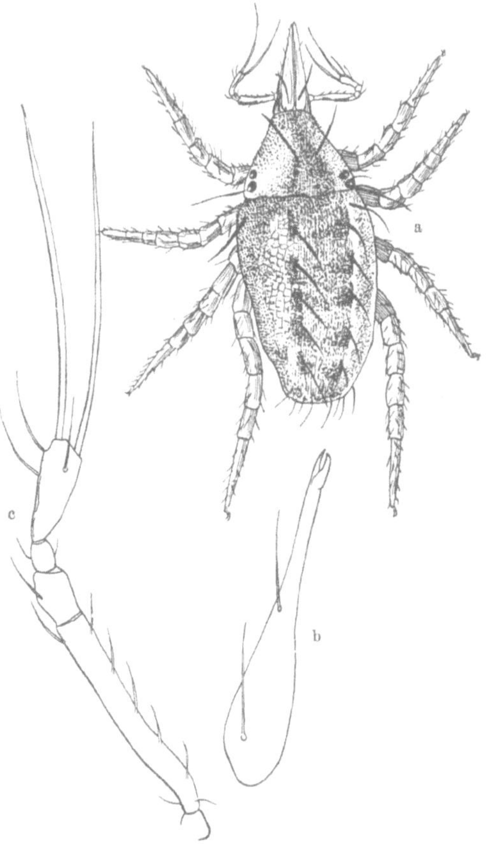

Fig. 27.
a) Habitus, b) Mandibel, c) Palpe von **Bdella longicornis** (L.) (nach Ant. Berlese).

das hintere Paar, von einem etwas dickeren Haarpaar begleitet, steht in einer Querlinie durch die Augen, das vordere Paar sehr distal, median je an der vorderen Einbiegung der Schilder. Unter diesen Haaren laufen in schwach bogigen longitudinalen Linien ein Paar subcutane Chitinleisten („Dorsalschilder") (Fig. 28b). Sie dienen den Haaren und mehreren Muskeln zur Befestigung. Die Form der Schilder ist sehr verschieden, namentlich am distalen Ende, wo sie bisweilen in der Medianlinie fast zusammenstoßen. Nach diesen Variationen in Verbindung mit verschiedener Richtung der feinen Hautstreifen hat Ant. Berlese (1923) mehrere Arten aufgestellt, von welchen vielleicht einzelne nur als Varietäten aufzufassen sind. Die feinen, unterbrochenen Hautstreifen laufen am meisten transversal, in der Umgebung der Haarporen in Ringen, Zickzack usw., wodurch viele Modifikationen eintreten. Augen fast am lateralen Rande. Die dorsalen Haare des Abdomen stehen in 4 Hauptreihen, die mittleren von je 5—6, die mehr lateralen von je 3—4 Haaren in jeder Reihe; die beiden Schulterhaare sind die stärksten. Dazu kommen einzelne am hinteren Körperrande und endlich ventrale Haare, teils an den Epimeren, teils an der weicheren Körperhaut. Die beiden halbmondförmigen Genitalklappen tragen gewöhnlich 8 Haarpaare. Unter den Klappen liegen 3 Paar elliptische Genitalnäpfe, nach hinten in der Größe abnehmend. Die lange Mündung des Excretionsorganes am hinteren Körperende ist von wenigen langen Haaren umgeben. Die 6gliedrigen, kräftigen Laufbeine erreichen nicht die Körperlänge, sind mit feinen Haaren reich besetzt und enden mit einem höckerigen Ambulacrum, das zwei starke Krallen und eine dicht haarbesetzte Haftsohle trägt; jede Kralle besitzt lateral 4—5 gebogene Härchen.

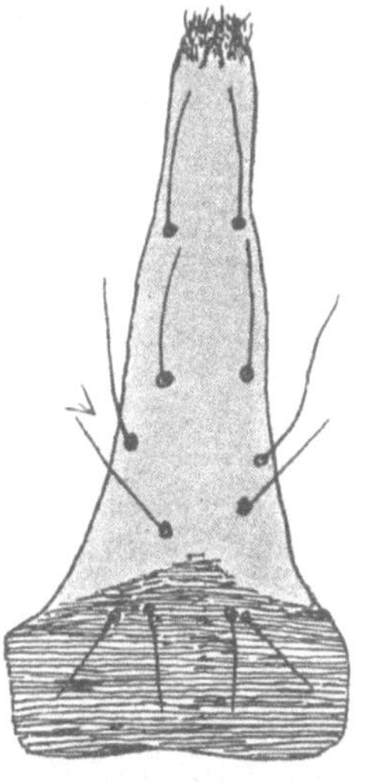

Fig. 28a.
Maxillarboden von **Bdella longicornis** (L.).

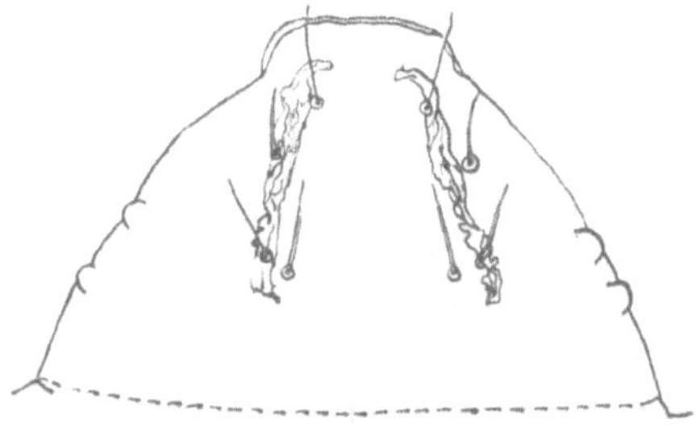

Fig. 28b.
Thorax (dorsal) von **Bdella longicornis** (L.) (nach Sig Thor).

L. 700—1800 μ (inclus. Rostrum); größte Br. etwa 300—700 μ. Die Nymphen sind kleiner und mit 2 Paar Genitalnäpfen versehen.

Die Larven sind noch kleiner, ohne Genitalöffnung.

Allgemein verbreitet: Europa, Asien, Amerika, besonders in der nördlichen circumpolaren Zone, lebt in Gras, Moos, unter Steinen, Brettern, Blättern, Tang usw. Aus den antarktischen Gegenden nicht bekannt. Sie scheint auch nicht in den tropischen Regionen zu leben, sondern zieht besonders kühle und feuchte Örtlichkeiten vor. Indessen sind die Untersuchungen so unvollständig, daß die geographische Verbreitung unsicher ist, insbesondere da mehrere Arten unter dem Namen *B. l.* veröffentlicht sind, und dieselbe Art mit mehreren Namen bezeichnet wird (z. B. von Koch, Kramer, N. Banks, Ant. Berlese u. a. m.). Es ist z. Z. unmöglich, diese Verhältnisse vollständig zu entwirren. Indessen werden hier im folgenden so viele der aufgestellten Varietäten und Arten wie möglich aufgeführt.

1a. **B. l.** var. **decipiens** Thorell 1872 *B. d.*, Thorell in: Öfv. Ak. Förh., *v.* 28 p. 699 | 1879 *B. d.*, L. Koch in: Svenska Ak. Handl., n. ser. *v.* 16 nr. 5 p. 131 t. 7 f. 2 | ?1883 *B. borealis*, P. Kramer & C. J. Neuman in: Vega-Exp., *v.* 3 p. 525 t. 41 f. 1 | 1902 *B. decipiens*, Trägårdh in: Bih. Svenska Ak., *v.* 27 nr. 9 p. 21 | 1904 *B. longicornis*, Sig Thor in: Zool. Anz., *v.* 28 p. 78 | 1905 *B. vulgaris* var. *decipiens*, Trägårdh in: Fauna arct., *v.* 4 p. 47 | 1915 *B. decipiens*. J. N. Halbert in: P. Irish Ac., *v.* 31 p. 113 | ?1922 *B. d.*, J. E. Hull in: Ann. nat. Hist., ser. 9 *v.* 10 p. 622 | 1927 *B. longi-*

cornis, Sig Thor in: Annuaire Mus. Leningrad, *v.* 27 p. 137 | ?1928 *B. decipiens*, Summerhayes & Elton in: J. Ecology, *v.* 16 p. 208, 216, 235, 246, 262 | 1930 *B. longicornis*, Sig Thor in: Skr. Svalbard Ishav., nr. 27 p. 94.

Diese Form, ursprünglich von Thorell und Trägårdh für eine eigene Art gehalten, wurde später von Trägårdh zu einer Varietät reduziert. Sie soll sich nach Trägårdh von der Nominatform durch Verkürzung des Endgliedes und der beiden Endborsten der Palpen unterscheiden (Fig. 29a). Nach Thorell ist der Thorax ebenso breit wie lang, Rostrum 4 mal länger als breit (an der Basis), Palpen lang und dünn, 2. Glied sehr lang, doppelt so lang wie die 3 folgenden Glieder zusammen, 5. Glied fast doppelt so lang wie das 3. und 4. zusammen, distal sanft verbreitert und an der Spitze abgerundet, mit 2 langen Borsten, von welchen die eine ebenso lang wie die Palpe ist. Sonst besitzen die Palpen wenige und kleine Haare. L. 1500 μ.

Svalbard (Bellsund, Treurenberg Busen), Sibirien, Novaja Semlja, Irland.

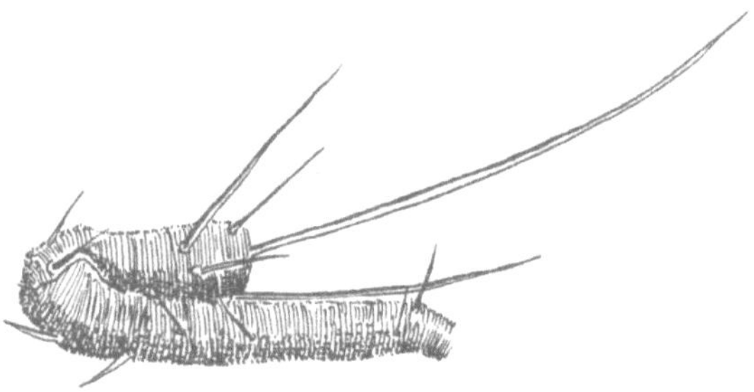

Fig. 29a.
Palpe von **Bdella longicornis** var. **decipiens** Thorell (nach Trägårdh).

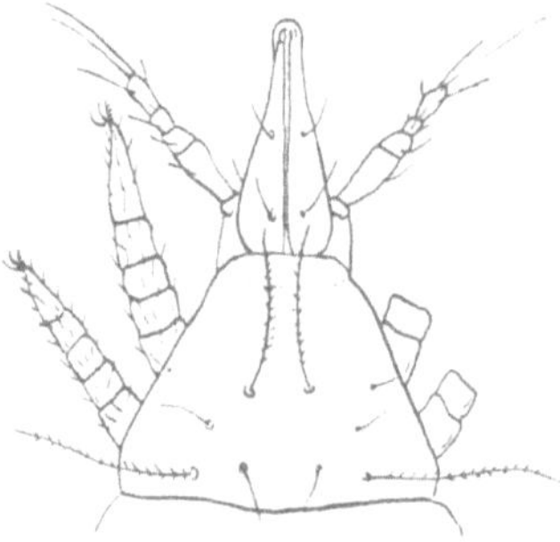

Fig. 29b.
Thorax und Rostrum (dorsal) von **Bdella longicornis** var. **caeca** Berl. (nach Ant. Berlese).

1b. **B. l.** var. **caeca** Berl. 1905 *B. c.*, Ant. Berlese in: Redia, *v.* 2 p. 15 t. 1 f. 15.

Sehr klein, oval, weiß. Rostrum und Mandibeln von mittlerer Größe, Mandibelschere sehr klein, Maxillarpalpen sehr kurz, 2. Glied kurz und dick; 5. sehr kurz, birnenförmig, mit 3 mittellangen Endborsten. Augen fehlen. Thorax sonst normal, mit 2 Paar langen Sinneshaaren und 2 Paar kurzen anderen Haaren (Fig. 29b). Beine kurz und dick, mit kleinen Haaren. L. 370 μ; Br. 210 μ.

Nach Ansicht des Verfassers scheint es sich um junge Nymphen zu handeln.

Italien (Firenze) an Holz oder an Pflanzenwurzeln.

1c. **B. l.** var. **littoralis** Monz. 1890 *B. vulgaris* var. *littoralis*, Moniez in: Rev. biol. Nord France, *v.* 2 p. 196—198 | 1890 *B. v.* (?var.), Moniez in: ibid, *v.* 3 p. 30.

Schön karminrot gefärbt; die Farbe hält sich häufig in Alkohol. Das hintere Augenpaar ist viel kleiner als das vordere. Die Haare der Endglieder der Beine sind fein gefiedert und die Krallen sanft und regelmäßig gebogen. Die Länge des Rostrum beträgt 430 μ. Besonders bemerkenswert ist die Größe der an der französischen Küste gesammelten Individuen, die 3 mal größer waren als die bei Lille gefundenen. L. 1827 μ; Br. 750 μ.

Nordfrankreich, an Felsen, unter Fucus usw. an den Küsten.

2. **B. semiscutata** Sig Thor 1930 *B. s.*, Sig Thor in: Skr. Svalbard Ishav., nr. 27 p. 92 t. 14 f. 47, t. 15 f. 48.

Diese Art ist gewöhnlich kleiner und schwächer gefärbt als *B. longicornis* (L.), mit welcher sie in mehreren Hauptzügen übereinstimmt; jedoch erreichen viele Individuen dieselbe Größe. Körper birnenförmig, rot, mit einigen dunkleren Flecken. Rostrum etwas schmaler, jedoch von ähnlicher Form. Maxillarorgan am häufigsten 260 µ lang (bisweilen 400 µ); an der Ventralseite (Fig. 30a) sitzen 6 größere Haarpaare und an der Spitze 2 bis 3 Paar Härchen und einige kleine Fransen. Jede Mandibel ist am häufigsten 270 µ lang (bisweilen 420 µ) und 65 µ breit (bisweilen 90 µ), also etwa 4 mal länger als breit; hinter der Schere nur 18 µ breit. Die beiden Haare sitzen ungefähr wie bei *B. l.* (L.); die Dorsalseite hat ebenfalls

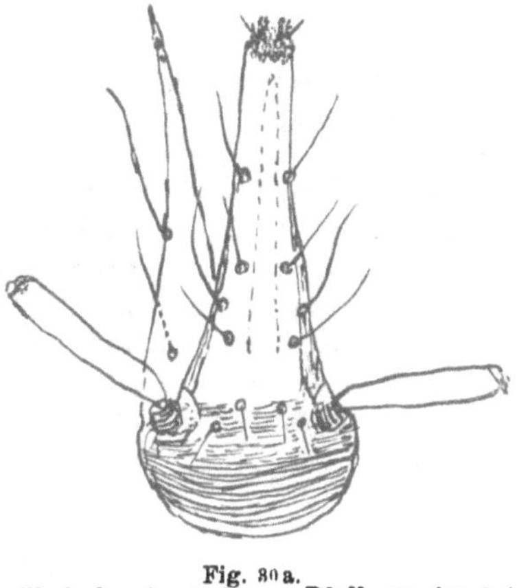

Fig. 30 a.
Maxillarboden (ventral) von **Bdella semiscutata** Sig Thor.

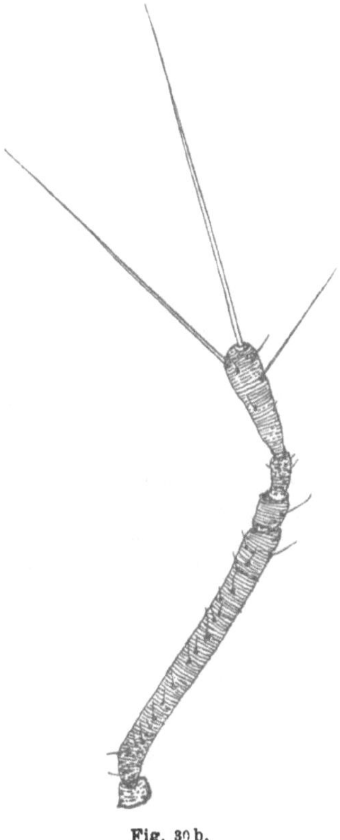

Fig. 30 b.
Palpe (dorsal) von **Bdella semiscutata** Sig Thor.

feine Längsstreifen und die Schere ist klein (36 µ lang), ungezähnt. Die Maxillarpalpen (Fig. 30b) sind etwas schmaler als bei der Vergleichsart. Die Glieder haben bei einem kleinen Individuum folgende Längen: 1. 15 µ; 2. 139 µ; 3. 34 µ; 4. 30 µ; 5. 72 µ; bei einem großen Individuum: 1. 30 µ; 2. 330 µ; 3. 60 µ; 4. 38 µ; 5. 130 µ; das 5. Glied ist etwa 3 mal länger als breit. Die Haare des 2. Gliedes sind so winzig, daß einzelne leicht übersehen werden. Der Haarbesatz ist beispielsweise folgender: 2. Glied 8 bis 19 Haare; 3. 1; 4. 3—4; 5. 5—7, darunter 2 lange Endborsten (die mediane 150 µ oder 350 µ; die laterale 200 µ oder 450 µ lang). Die Augen und die 8 dorsalen Haare stehen am Thorax ungefähr wie bei *B. l.*; dagegen sind die longitudinalen Schilder ganz anders geformt und liefern vorzügliche Artmerkmale (Fig. 31). Sie fangen hinter den beiden proximalen Haarpaaren an, bilden zwei S-förmige Leisten und sind kurz, erreichen nicht die Poren der distalen Sinneshaare; vorn sind sie näher zusammen

(Abstand 60 µ) als hinten (Abstand 130 µ). An den lateralen Seiten der Einwärtsbiegungen (vorn) sind netzähnliche Figuren, von feinen Chitinleisten gebildet, an jeder Seite etwa 15—20 Maschen, jedoch individuell verschieden. Die Furche zwischen Thorax und Abdomen ist sehr schwach;

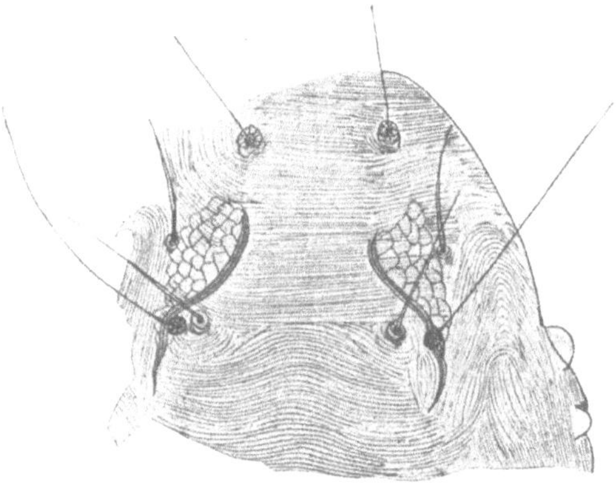

Fig. 31.
Dorsalseite des Thorax von **Bdella semiscutata** Sig Thor.

sonst ähnelt *B. semiscutata* sowohl in der Behaarung als in den äußeren ventralen Organen der Vergleichsart. L. 700—1300 µ (ohne Rostrum), mit Rostrum 950—1850 µ; Br. 450—800 µ.

Nymphen kleiner, einfacher gebaut, sonst ähnlich. L. 600 µ; größte Br. 200 µ. Die 6-beinigen Larven sind viel kleiner, ohne deutliche Genitalorgane, mit deutlichen „Urporen" zwischen dem 1. und 2. Beinpaar. Die 4 dorsalen Haarpaare und Schilder am Thorax wie bei den Imagines, jedoch kleiner (Fig. 32 a). Die Mandibeln ragen merkwürdig weit über

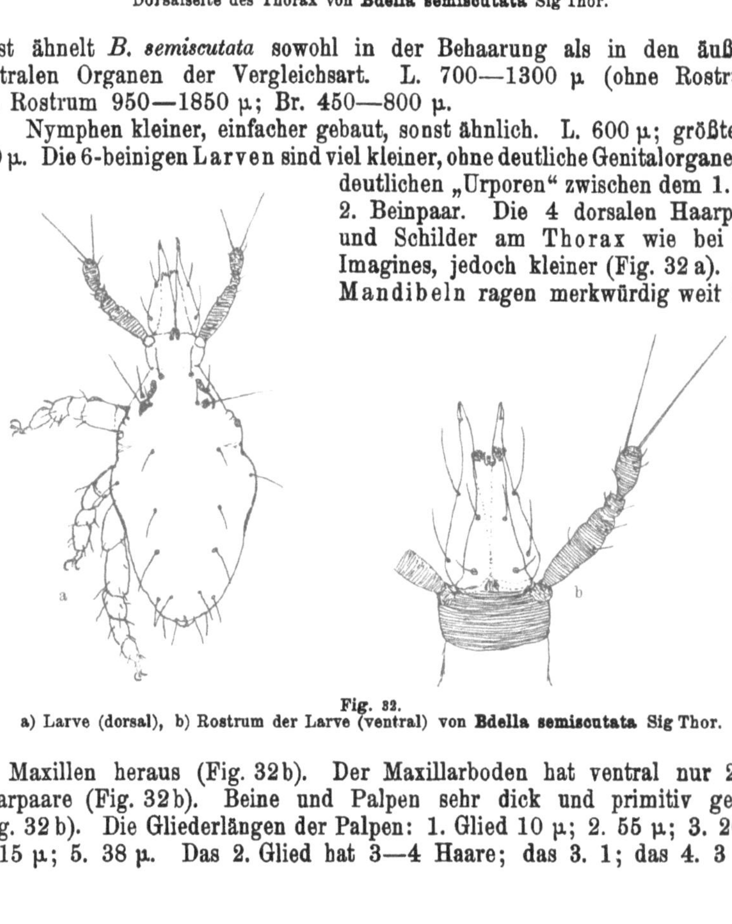

Fig. 32.
a) Larve (dorsal), b) Rostrum der Larve (ventral) von **Bdella semiscutata** Sig Thor.

die Maxillen heraus (Fig. 32 b). Der Maxillarboden hat ventral nur 2—3 Haarpaare (Fig. 32 b). Beine und Palpen sehr dick und primitiv gebaut (Fig. 32 b). Die Gliederlängen der Palpen: 1. Glied 10 µ; 2. 55 µ; 3. 20 µ; 4. 15 µ; 5. 38 µ. Das 2. Glied hat 3—4 Haare; das 3. 1; das 4. 3 und das 5. 5—6 Haare, davon 2 lange Endborsten (fast von Palpenlänge). Das 5. Glied ist annähernd eiförmig, ungefähr wie bei der Imago von *B. lignicola* Can. Dorsale thorakale Haare wohl entwickelt, ungefähr wie bei der Imago. L. 340 μ (ohne Rostrum), mit Rostrum 480 μ; größte Br. ca. 180 μ.

B. s. ist bis jetzt nur in Europa (Svalbard, Norwegen, Deutschland) gefunden worden.

3. **B. crassipes** C. L. Koch 1839 *B. c.*, C. L. Koch, C. M. A., fasc. 23 nr. 14.

Klein, einfarbig, schön scharlachrot, Rüsselspitze weiß. Rostrum sehr lang, vom Thorax stark abgesetzt. Letztes (5.) Palpenglied länger und schmaler als bei *B. longicornis* (L.). Thorax mit dem Abdomen ganz vereinigt, ohne Furche; beide zusammen eiförmig, vorn und hinten abgerundet; kurze Schulterborsten. Körperhaare namentlich am hinteren Körperende zahlreich und sehr kurz. Beine außergewöhnlich dick, mit vielen kurzen Haaren besetzt, am 5. Gliede ein längeres Haar (Sinneshaar?). L. etwa 800 μ.

Selten: Deutschland (Regensburg).

4. **B. dispar** C. L. Koch 1839 *B. d.*, C. L. Koch, C. M. A., fasc. 23 nr. 15 & 16 | 1839 *B. amarantina*, C. L. Koch, ibid., fasc. 23 nr. 17.

Langgestreckt, sehr schmal, gegen beide Enden verschmälert. Rot, mit verschiedenen helleren und dunkleren, bisweilen schwarzen Flecken. Rostrum lang, schmal und spitz, mit wenigen langen, ventralen Haaren. Maxillarpalpen gewöhnlich mit einer kürzeren und zwei langen Endborsten, sonst sehr schwach behaart. Haarbesatz am Körper sparsam, wenigstens dürftig abgebildet (Fig. 16 zeigt jedoch 10 Hinterrandborsten). Die dunklen Streifen und Flecken am Thorax (fasc. 23 nr. 16) deuten wahrscheinlich auf starke, vorn vereinigte Schilder hin. Die Trennungsfurche zwischen Thorax und Abdomen (fasc. 23 nr. 16) sehr deutlich. Die 4 Vorderbeine dünn, die 4 Hinterbeine dicker, am Grunde hell; an den Gliedern 4 und 5 je ein sehr langes Haar. Sehr klein (vielleicht 600 μ[1]).

B. amarantina C. L. Koch, ist wahrscheinlich eine Nymphe. Ob *B. vivida* C. L. Koch, fasc. 23 nr. 19 zu derselben Art gehört, ist zweifelhaft.

Deutschland (Regensburg, Oberpfalz), in grasigen Gärten und in Waldungen der Gebirgsgegenden (Norwegen?).

5. **B. tenella** Banks 1896 *B. t.*, N. Banks in: Tr. Amer. ent. Soc., *v.* 23 p. 75 | 1904 *B. t.*, N. Banks in: P. U. S. Mus., *v.* 28 p. 16 f. 14.

Sehr nahe mit *B. longicornis* (L.) verwandt. Bleich, rot mit dunklen Flecken und hellen Streifen. Unterseite und Beine heller. Körper relativ schmal, Schulterecken stark vorstehend, dahinter eine Einengung. Rumpffurche zwischen Thorax und Abdomen sehr deutlich. Am Thorax anscheinend 2 Paar lange Dorsalschilder, Augen am hinteren Rande und 2 Paar laterale

[1]) Obwohl die Beschreibungen von C. L. Koch nicht alle modernen Artmerkmale enthalten, ist es möglich, daß man einzelne Arten identifizieren kann, weshalb solche hier aufgeführt sind. Ebenso schwierig und bisweilen noch schwieriger zu erkennen sind viele amerikanische Arten (von N. Banks, H. E. Ewing u. a.) und italienische Arten (von F. Supino, Ant. Berlese u. a.).

Indessen gibt es einzelne charakteristische Merkmale, wonach sich (wenigstens mehrere von Ant. Berleses Arten) hoffentlich wiedererkennen lassen. Bedauerlicherweise sind die Angaben in vieler Beziehung mangelhaft.

Haare (diese sind offenbar bei N. Banks, Fig. 14, unrichtig abgebildet) (Fig. 33). Rostrum und Mandibeln lang; 2. Palpenglied sehr lang, 5. Glied breit (2 mal länger als breit) und stark verkürzt, distales Ende quer abgeschnitten (von *B. l.* verschieden), mit nur 3 Borsten; wenige Palpenhaare und wenige Körperhaare abgebildet. Am Hinterrande des Körpers 3 Paar lange Haare. Beine schwach und kurz. Die 4 Epimeren jeder Seite sollen fast zusammenhängend sein (N. Banks Fig. 14). L. 600 μ.

Nordamerika, unter Eichenrinde.

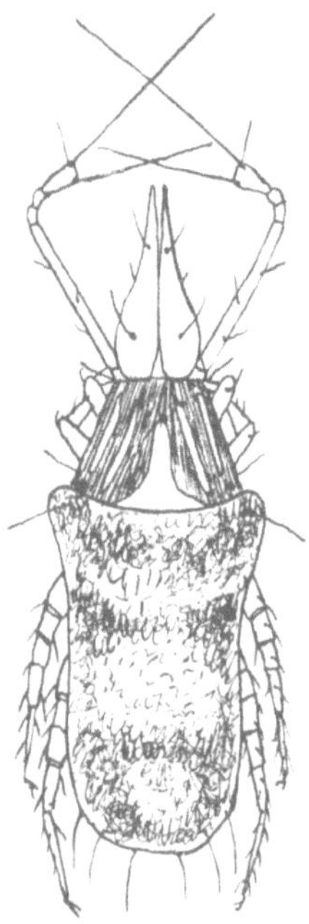

Fig. 33.
Bdella tenella Banks
(nach N. Banks).

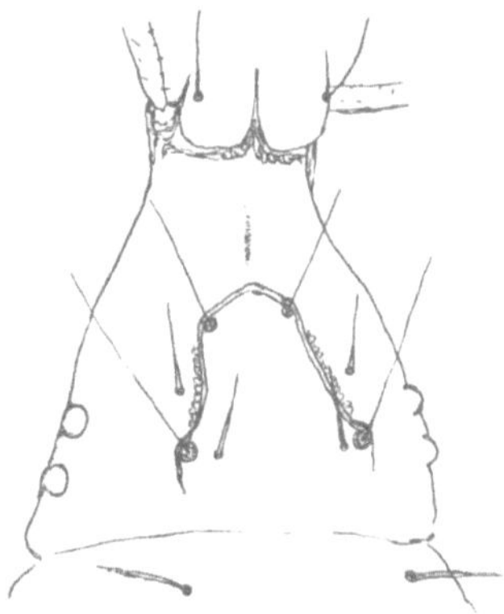

Fig. 34.
Dorsalseite des Thorax von **Bdella iconica** Berl.

6. **B. iconica** Berl. 1923 *B. i.*, Ant. Berlese in: Redia, *v.* 15 p. 240.

Aus der sehr kurzen Beschreibung geht hervor, daß die beiden longitudinalen, schwach gebogenen Dorsalschilder (im Gegensatz zum Verhältnis bei *B. longicornis* (L.) durch eine sehr deutliche, vordere, transversale Chitinleiste (Schildlinie) verbunden sind und dadurch eine glockenähnliche Figur (nach Berlese: „Signum") bilden (Fig. 34). Zwischen den lateralen Schildern laufen die feinen Hautstreifen longitudinal. Über die Behaarung des Körpers, der Palpen und der Beine fehlen Angaben. Mandibeln 4 mal länger (240 μ) als breit (60 μ). 2. Palpenglied 7 mal, 5. 3 mal so lang wie breit. L. der adulten Tiere bis zu 1650 μ.

Italien (Florenz), Deutschland und Norwegen auf Pflanzen.

6a. **B. i.** var. **veneta** Berl. 1923 *B. i.* var. *v.*, Ant. Berlese in: Redia, *v.* 15 p. 240.

Mandibeln etwas dünner (mehr als 4 mal länger als breit). 5. Palpenglied kürzer, kaum doppelt so lang wie breit. Kleiner. L. 970 μ. [?Nymphe.]

Norditalien (Venezia, Trient).

6b. **B. i.** var. **sardoa** Berl. 1923 *B. s.*, Ant. Berlese in: Redia, *v.* 15 p. 241.

Dorsalschilder wie bei der Art, die vordere, transversale Schildlinie noch stärker. Die feinen Hautstreifen zwischen den Schildlinien wie bei *B. validipes*

Berl. Mandibeln lang (200 μ), von oben gesehen 5 mal länger als breit. Palpen fast wie bei *B. v.*, 2. Glied aber viel kürzer. L. 800 μ. [?Nymphe].

Italien (Sardinien).

7. **B. validipes** Berl. 1923 *B. v.*, Ant. Berlese in: Redia, *v.* 15 p. 240.

Die vordere transversale Schildlinie undeutlich, die lateralen Schilder fast parallel, hinten eckig nach innen gebogen. Die feinen, dichten, punktierten Hautstreifen laufen (zwischen den Schildlinien) vorn transversal, dann schwach eckig und wurmähnlich gewunden und zuletzt (hinten) fast longitudinal. Mandibeln 300 μ lang, 4 mal länger als breit. 2. Palpenglied 250 μ, 7 mal, 5. Glied (100 μ) fast 3 mal länger als breit. L. 1300 μ.

Ostafrika.

8. **B. strandi** Berl. 1923 *B. s.*, Ant. Berlese in: Redia, *v.* 15 p. 240.

Die Schildlinien bilden wie gewöhnlich eine glockenähnliche Figur mit eckig einwärts gebogenen, longitudinalen Leisten und sehr starker vorderer, transversaler Schildlinie. Hautstreifen zwischen den Schildlinien transversal, in der Mitte eckig zurückgebogen, mit gradweise spitzer werdender Ecke. 2. Palpenglied 10 mal, 5. fast 3 mal länger als breit. Mandibeln dünn, mehr als 5 mal länger als breit. L. 1650 μ.

Norwegen (nach Ant. Berlese).

8a. **B. s.** var. **vistosa** Berl. 1923 *B. s.* var. *v.*, Ant. Berlese in: Redia, *v.* 15 p. 241.

Die longitudinalen, lateralen Schildlinien konvergieren; zwischen diesen ist die Haut longitudinal gestreift-punktiert. Beine (namentlich 3. und 4. Paar) viel dicker als bei der Art. Alle dorsalen Haare länger. L. 1500 μ.

Norwegen (nach Ant. Berlese).

9. **B. pulchella** Berl. 1923 *B p.*, Ant. Berlese in: Redia, *v.* 15 p. 241.

Die vordere transversale Schildlinie ist rudimentär. Die lateralen Schilder kurz und dick, halbzirkelförmig einwärts gebogen. Hautstreifen dick, transversal, in der vorderen Hälfte nach hinten, in der hinteren Hälfte nach vorn sanft gebogen. Mandibeln ziemlich kurz (210 μ) und verdickt, kaum 5 mal länger als breit. Palpen kurz; 2. Glied 100 μ, kaum 5 mal, 5. Glied 48 μ, etwa 2 mal länger als breit. — [Vielleicht eine Nymphe]. L. 750 μ.

Häufig in Italien (Firenze, Forlì) auf Pflanzen und in Humus (?Norwegen).

10. **B. antarctica** Tgdh. 1907 *B. a.*, Trägårdh in: Ergeb. Schwed. Südp.-Exp., *v.* 5 nr. 11 p. 24—25 t. 2 f. 9, 12, 21.

Mit *B. longicornis* (L.) verwandt und dieser Art ähnlich. Thorax 300 μ lang, vom Abdomen deutlich abgetrennt, mit 3 Paar (dorsalen) Haaren in tiefen Poren, ein Paar sehr distal, die beiden anderen in einem Plan durch das hintere Augenpaar; die lateralen Haare sind die längsten. [Die Schilder sind in der Beschreibung nicht erwähnt]. Das Abdomen hat dorsal 4 Haarreihen und am Hinterrande 4 Paar Haare. Die 1. Epimeren sind median fast zusammenhängend und haben 5 Paar Haare, die 2. 6, die 3. 8 und die 4. 3 Paar Haare. Die Genitalöffnung ist lang, oval, mit 10 Paar Haaren. Die Beine sind von mittlerer Länge: 1. 480 μ; 2. 420 μ; 3. 520 μ; 4. 620 μ lang. Sie besitzen einzelne lange Sinneshaare an den 5. u. 6. Gliedern.

Das schmale und lange Rostrum (300 μ) hat wenige, nur 2 Paar ventrale Haare. Mandibeln (Fig. 35 b) sehr schmal, 296 μ lang und nur 48 μ breit, von der Basis gradweise verschmälert bis zur kleinen Schere (Fig. 35 c) (ohne Zähne); die beiden Mandibelhaare stehen sehr distal, das proximale Haar an der Mitte, das distale ungefähr in der Mitte zwischen dem proximalen und der Mandibelspitze (Fig. 35 b). Die Palpen (Fig. 35 a) sind kurz, nicht länger als das Rostrum, 3. Glied fast nicht vom 2. abgetrennt. Das 2. (+ 3.) Glied besitzt 8 Haare, das 4. 4 Haare und das dreieckige, quer abgeschnittene Endglied 5—6 Haare. Das Endglied ist 2 mal länger als breit. Die relativen Längen der Palpenglieder und die beiden Endborsten zeigen folgende Verhältnisse: 37:8:7:16:45:46. L. 820 μ; Br. 360 μ.

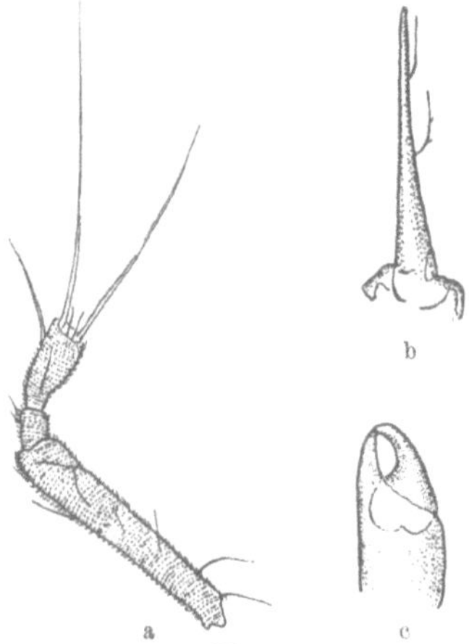

Fig. 35.
a) Palpe, b) Mandibel, c) Schere von **Bdella antarctica** Tgdh.

Südgeorgia (Bon's Tal, Cumberland Busen) an Felsen.

11. **B. spinirostris** C. L. Koch 1839 *B. s.*, C. L. Koch, C. M. A., fasc. 23 nr. 9 | 1863 *B. s.*, Andersén in: Öfv. Ak. Förh., *v.* 20 p. 185.

Langgestreckt und schmal, besonders Rostrum sehr lang, schmal und dünn. Bleich rosenrot; Thorax karminrot mit deutlichen, schwarzen Augen; Abdomen mit großen, schattenbraunen Seitenflecken, mit ähnlicher Farbe an der Ventralseite; Spitze des Rüssels weiß. Haarbesatz gering, Schulterborsten fehlen; am Hinterrande des Körpers 2 Paar gleichlange Haare. Beine ohne besondere Merkmale. Das am meisten charakteristische ist das lange, außerordentlich schmale und spitze Rostrum (fast die Hälfte des übrigen Körpers), mit sehr deutlichen, ventralen Haaren. Über die Mandibeln liegen (bei Koch) keine Mitteilungen vor. Nach der Form des Rostrum darf man aber schließen, daß die Mandibeln außerordentlich lang und schmal sind (ungefähr wie bei der folgenden Art, *B. lignicola* Can. mit welcher sie wahrscheinlich in mehreren Beziehungen übereinstimmt). Die Palpen sind ein wenig kürzer als das Rostrum; die Länge des 5. Gliedes ist ungefähr ein Drittel des 2. Gliedes. 5. Gl. relativ wenig erweitert, mit einer kürzeren und 2 langen Endborsten. Die übrigen Palpenhaare sind nicht abgebildet, obwohl in der Beschreibung erwähnt wird, daß „das 2. Glied an der Innenseite fein borstig" ist. An den beiden hinteren Beinpaaren sind „Sinneshaare" abgebildet. L. etwa 600 μ, Br. etwa 190 μ.

Deutschland (Regensburg, Rheinbayern selten), in Gärten und Feldhölzern; ?Schweden (nach Andersén).

12. **B. lignicola** Can. 1885 *B. l.*, G. Canestrini in: Atti Ist. Veneto, ser. 6 *v.* 3 p. 1672—73 t. 23 f. 1 | 1892 *B. l.* (part.), Ant. Berlese, A. M. S., fasc. 62 nr. 7 | 1905 *B. l.*, Trägårdh in: Results Swed. Exp. Egypt, nr. 20 p. 4—5 | 1918 *B. l.*, J. E. Hull in: Tr. nat. Hist. Soc. Northumb., n. ser. *v.* 5 p. 39 | 1929 *B. l.*, Vitzthum in: Tierw. Mitteleur., *v.* 3 p. VII 58.

Mit *B. spinirostris* C. L. Koch sehr nahe verwandt. Der Körper ist langgestreckt, sehr schmal (größte Breite etwa $^1/_3$ der Länge). Körperfurche zwischen Thorax und Abdomen sehr stark, Abdomen nach hinten verschmälert und abgerundet, mit gewöhnlichen Haaren (Fig. 36a). Thorax mit den bei *B.* vorhandenen 4 Haarpaaren (in Berleses Fig. 1 fehlt ein Haarpaar). Beine ziemlich wie bei anderen Arten. Rostrum lang (170 μ), schmal und spitz, mit wenigen (3 Paar) ventralen Haarpaaren. Mandibeln lang (170 μ, nach Trägårdh 230 μ) und schmal, mit sehr starken Haaren, etwas mehr distal als bei *B. longicornis* (L.), Schere sehr schmal, ohne Zähne (Fig. 36b). Besonders charakteristisch sind die Palpen (Fig. 36c), die sich den von *Spinibdella* Sig Thor nähern,

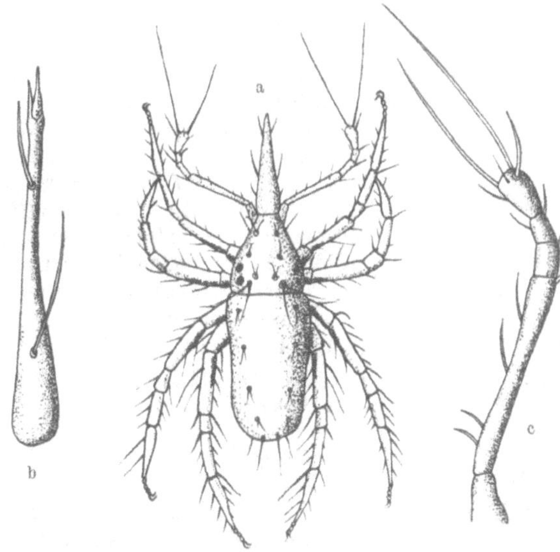

Fig. 36.
a) Habitus, b) Mandibel, c) Palpe von **Bdella lignicola** Can. (nach G. Canestrini).

jedoch relativ länger (170 μ) von der Länge des Rostrum sind; 2. Glied etwa 107 μ, 5. 27 μ, also 5. Glied nur $^1/_4$ des 2. Eigentümlich ist die Form des 5. Gliedes, das zwar gegen das distale Ende hin verbreitert ist, jedoch nicht dreieckig, sondern annähernd eiförmig; an der Spitze schön abgerundet. Die Palpenhaare sind nach Canestrini folgende: 2. Glied 5 Haare (4 mediane und 1 laterales), 3. 1, 4. (wahrscheinlich) 4 (nur 2 abgebildet), 5. 4 kurze Haare und 2 lange Endborsten. (Die afrikanische Form etwas abweichend, ohne daß nach Trägårdh eine neue Varietät notwendig wird). L. 660 μ; Br. 220 μ.

Italien (Padua usw.) an dürrem Holz, Afrika (bei Cairo) unter Steinen in der Wüste.

13. **B. subulirostris** Berl. 1923 *B. s.*, Ant. Berlese in: Redia, *v.* 15 p. 242.

Körperform wie bei *B. lignicola* Can.; Rostrum lang; Körperhaare ziemlich lang. Mandibeln (270 μ lang) noch viel länger und dünner als bei der vorigen Art, 9 mal länger als breit. Palpen kurz, kürzer als die Mandibeln; 2. Glied 130 μ lang, etwa 5 mal länger als breit; 5. sehr kurz (etwa 50 μ), nur doppelt so lang wie breit. L. 900 μ.

Italien (Vallombrosa) zwischen Blättern der Nadelbäume, bei *Formica pratensis.*

14. **B. corticis** H. E. Ewing 1909 *B. c.*, H. E. Ewing in: Canad. Ent., *v.* 41 p. 122, 124 t. 6 f. 1—3.

Steht *B. lignicola* Can. und *B. subulirostris* Berl. nahe. Färbung gelblich-grün, mit schwarzen Flecken. Thorax ebenso breit wie lang, mit nur einem Augenpaar weit hinten. Abdomen $^3/_5$ so breit wie lang, vorn am breitesten; kleine Schulterborsten; am Hinterrande 2 lange Haare. Rostrum lang und schmal. Mandibeln (Fig. 37 a) lang und sehr schmal, hinten dorsal mit feinen Längslinien; die beiden starken Haare teilen jede Mandibel in 3 gleiche Teile. Palpen (Fig. 37b) länger als die Mandibeln; 2. Glied von Mandibellänge; 3. und 4. von gleicher Länge. Sehr charakteristisch ist die starke Verkürzung des 5. Gliedes, das nicht länger als das 4. ist, dagegen sehr stark erweitert. Der Haarbesatz der Palpenglieder ist folgendermaßen: 2. Glied 3—4 Haare; 3. 1; 4. 2 laterale; 5. 6; die längste Endborste von Palpenlänge, die andere $^3/_4$ so lang, zwischen diesen beiden 2 sehr kleine Härchen, weiter hinten 2 längere Haare. Beine groß; das 4. Paar das längste. Ambulacrum und haarlose Krallen klein (Fig. 37 c). L. 700 μ; Br. 520 μ.

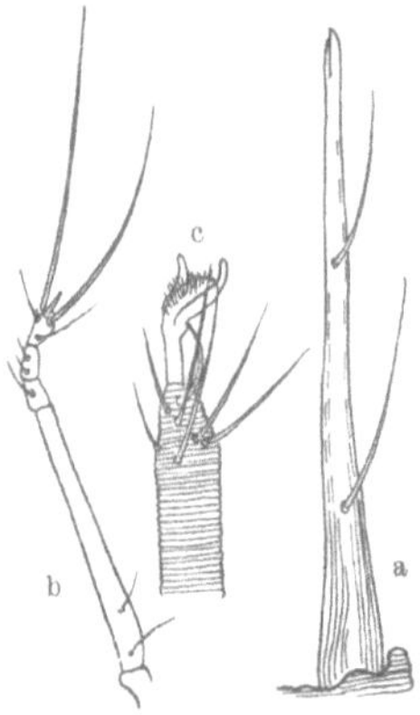

Fig. 37.
a) Mandibel, b) Palpe, c) Endglied des I. Beines von **Bdella corticis** H. E. Ewing (nach H. E. Ewing).

Nordamerika (Urbana, Illinois), unter der Rinde von Baumwollpflanzen.

15. **B. tessellata** H. E. Ewing 1913 *B. t.*, H. E. Ewing in: Bull. Amer. Mus., *v.* 32 p. 112 t. 7 f. 1, 2.

Körper groß, nach beiden Enden schmaler werdend, rot, Beine und Palpen heller. Körperhaut rautenförmig (mosaikähnlich), polygonal gefeldert, körnig. Palpen ungefähr so lang wie das Rostrum, 2. Glied $^2/_3$ der Länge des Rostrum; 3. und 4. von derselben Länge. 5. $1^1/_2$ mal länger als das 3. und 4. Glied zusammen, mit 5 Haaren; von den 3 Endborsten ist die längste laterale so lang wie das Rostrum, die mediane $^3/_4$ so lang und eine kürzere laterale an der Mitte des Segments von Segmentlänge. Die Augen einer Seite einander stark genähert. Schulterborste so lang wie das 5. Glied des 1. Beines. Die beiden letzten, langen Glieder des 4. Beines reichen über das Abdomen hinaus. L. 1320 μ (Rostrum inklusive); Br. 540 μ.

Nordamerika (Portage, Wisconsin), unter einem alten Holzstück; einzelne in Norwegen (Lärdalsören) angetroffene Exemplare mit polygonalen Verdickungen der Haut stellen vielleicht nur individuelle Abweichungen von *B. longicornis* (L.) dar. Andere besondere Charaktere sind nicht bemerkt.

Unsichere *Bdella*-Arten:

B. phoenicea C. L. Koch 1839 *B. p.*, C. L. Koch, C. M. A., fasc. 23 nr. 7 | 1877 *B. p.*, G. Canestrini & Fanzago in: Atti Ist. Veneto, ser. 5 *v.* 4 p. 171.

Klein, gewölbt, rot, mit helleren und schwarzen Flecken. Thorax deutlich vom Abdomen getrennt, rückwärts kegelförmig, schmaler werdend; eine lange, feine Schulterborste und eine solche (Sinneshaar) unter den Augen. Rostrum schmal, von derselben Länge wie die Palpen; 5. Glied etwa halb so lang wie das 2., mit 2 langen Endborsten. Beine heller als die Grundfarbe. L. ?1000 μ.

Deutschland (Bayern), in Waldungen, gern auf niederen Pflanzen, Italien (Venezia).

B. cruentata C. L. Koch 1839 *B. c.*, C. L. Koch, C. M. A., fasc. 23 nr. 10 | 1877 *B. c.*, G. Canestrini & Fanzago in: Atti Ist. Veneto, ser. 5 *v.* 4 p. 170.

Kleiner als *B. longicornis* (L.), purpurrot, mit dunkleren Flecken, bisweilen mit schwärzlichen Schulterflecken. Schulterborste fehlt. Hinterrand mit mehreren kurzen Haaren. Rostrum und Palpen lang, mit feinen, kurzen Härchen an der Medialseite des 2 Gliedes. L. ?500 μ.

Deutschland (Regensburg), in Waldungen, besonders in Feldhölzern, Italien (Venezia, Bologna).

B. tenuirostris C. L. Koch 1839 *B. t.*, C. L. Koch, C. M. A., fasc. 23 nr. 18.

Klein, mit *B. dispar* C. L. Koch verwandt; karminrot, Thorax sehr dunkel, Abdomen heller, unten einfarbig rot, Beine fleischrot, einzelne Exemplare mit schwärzlichen Flecken. Rostrum sehr lang und schmal; Palpen mittellang mit relativ kurzen Endborsten. Thorax mit langen Sinneshaaren. Schulterborsten vorhanden. Am hinteren Körperrande 4 Haarpaare. Die beiden hinteren Beinpaare dicker als die vorderen.

Deutschland (Regensburg im Stadtgraben), an feuchten Stellen grasiger Gartenplätze.

B. vivida C. L. Koch 1839 *B. v.*, C. L. Koch, C. M. A., fasc. 23 nr. 19.

Sehr klein, Körper nach vorn und nach hinten kegelförmig schmaler, Thorax und Abdomen von gleicher Länge; am Hinterrande 2 Paar lange Haare. Am Thorax hinten ein Paar sehr lange Sinneshaare. Rostrum lang, Palpen mittellang mit relativ kurzen Endborsten. Thorax karminrot, Abdomen hellrosenrot. Beine dick, bleichrosenrot. (Wahrscheinlich Nymphe, vielleicht eine *Biscirus*-Art).

Deutschland (Regensburg), in Feldhölzern, nicht häufig.

B. histrionica C. L. Koch 1844 *B. h.*, C. L. Koch, C. M. A., fasc. 37 nr. 24 | 1877 *B. h.*, G. Canestrini & Fanzago in: Atti Ist. Veneto, ser. 5 *v.* 4 p. 174.

Klein, schlank, zierlich; rosenrot; Abdomen schwarz mit einem schmalen, rosenroten Längsstreif und 3 rosenroten Querstrichen, Thorax hinten schwarz. Rostrum lang, schmal und spitz. Palpen nicht lang; beide Endborsten gleich lang, kaum länger als die 3 letzten Palpenglieder. Schulterborste fehlt. Beine kurz. L. ?1500 μ (nach Canestrini).

Deutschland (Regensburg), in feuchten Wiesen, selten; Italien (Venezia).

B. dorsata Gerv. 1844 *B. d.*, P. Gervais in: Walckenaer & Gervais, Hist. Apt., *v.* 3 p. 157.

Körper wenig behaart, ohne Schulterborsten. Rosenrot, mit mehreren schwarzen, dorsalen Flecken, auch um die Augen herum; Unterseite rosafarbig, mit 2 schwarzen Flecken vor den Epimeren. Letztes (5.) Palpenglied mit wenigen Haaren. Größe wie ein Hirsenkorn. Läßt sich nach der kurzen Beschreibung kaum erkennen.

Frankreich (bei Paris), auf feuchter Erde mit kleinen Pflanzen in Gärten.

B. horvathi Karp. 1888 *B. h.*, Karpelles in: Glasnik Naravosl. družt., *v.* ? p. ? f. ?. ?— Beschreibung sehr ungenau (P. Kramer)!

B. biroi Sup. 1894 *B. b.*, Supino in: Bull. Soc. Veneto-Trent., *v.* 5 p. 197.

Violett; Haut nicht chagriniert. Rostrum lang (230 μ) und spitz. Das distale Mandibelhaar dicht hinter der Schere befestigt, das proximale an der Mitte der Schere. Das bewegliche Krallenglied ist kürzer als das feste, stark klauenförmig gebogen, ohne Zähne; das unbewegliche Glied hat 2 kleine Zähne. 5. Palpenglied $1^1/_3$ mal länger als das 3. + 4. zusammen, mit 2 ungleich langen Endborsten. L. 770 μ; Br. 350 μ.

Die Befestigung der Mandibelhaare erinnert an *Rhagidia*, nicht an *Bdella*.

Ungarn (Medák).

B. depressa H. E. Ewing 1909 *B. d.*, H. E. Ewing in: Canad. Ent., *v.* 41 p. 125 t. 6 f. 7.

Gehört zu der Gruppe mit sehr kurzem Palpen-Endglied (*B. lignicola* Can. und *B. subulirostris* Berl.) Thorax halb so lang wie das Abdomen, das nur wenige einfache, kurze Haare besitzt. Rostrum $^{2}/_{3}$ so lang wie das Abdomen. Palpen länger als das Rostrum; 2. Glied fast so lang wie das Rostrum; 3. 2 mal länger und fast 2 mal dicker als das 4., 5. nur wenig länger als das 3., am Grunde sehr schmal, gegen das distale Ende hin erweitert; die beiden Endborsten ungefähr von Palpenlänge (Fig. 38). Augen etwas von der Körperfurche entfernt. 1. Beinpaar so lang wie das Abdomen. Beine mit einfachen, gegen die distalen Beinenden längeren Haaren ausgestattet. Haftlappen und Krallen klein. L. 700 μ; Br. 500 μ.

Nordamerika (Arcola, Illinois), unter Rinde.

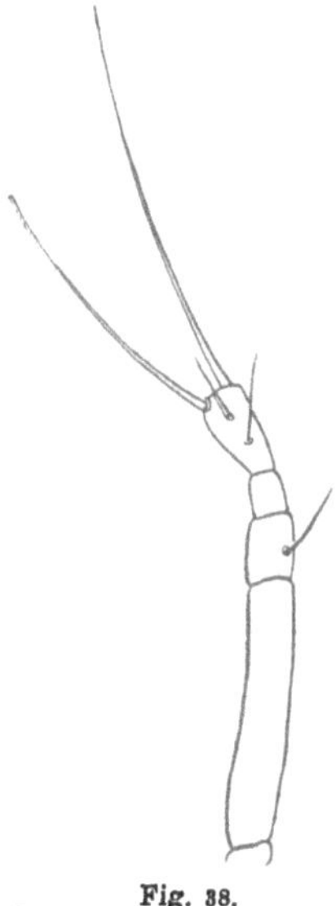

Fig. 38.
Rechte Palpe von **Bdella depressa** H. E. Ewing (nach H. E. Ewing).

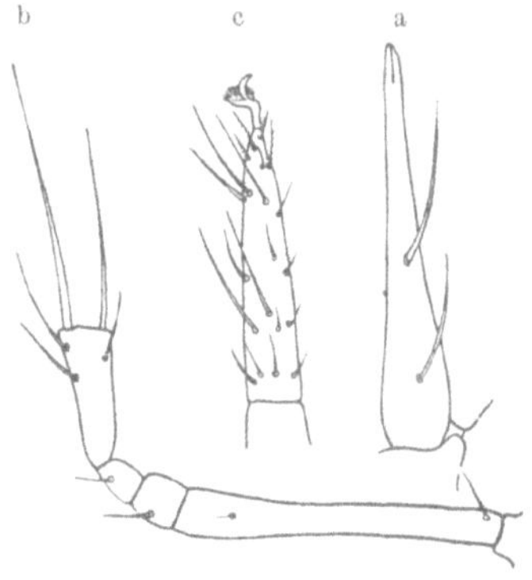

Fig. 39.
a) Mandibel, b) linke Palpe, c) Endglied des Beines von **Bdella muscorum** H. E. Ewing (nach H. E. Ewing).

B. muscorum H. E. Ewing 1909 *B. m.*, H. E. Ewing in: Canad. Ent., *v.* 41 p. 124—125 t. 6 f. 4, 5, 6.

Vielleicht eine *Var.* von *B. longicornis* (L.). Mittelgroß. Rot; Beine und Palpen heller als der Körper. Rostrum etwa so lang wie der große, konvexe Thorax. Das distale Haar an der Mandibelmitte gebogen und stark (Fig. 39a). Palpen (Fig. 39b) wenig länger als das Rostrum; 2. Glied $^{2}/_{3}$ der Mandibellänge, 3. kürzer, aber dicker als das 4.; 5. halb so lang wie das 2. Glied und gegen das distale Ende hin stark erweitert. Haarbesatz der Glieder: 2. 4—5 Haare; 4. 2 Haare; 5. 5 Haare; die längste (laterale) Endborste von Palpenlänge, die mediane $^{3}/_{4}$ dieser Länge. Die beiden Augen jeder Seite dicht beisammen am hinteren Rande des Thorax. (Dorsalschilder in der Beschreibung nicht erwähnt.) Abdomen halb so breit wie lang; 1 Paar kleine Schulterhaare; 2 Haarpaare am Hinterrande. 1. Bein $1^{1}/_{2}$ mal so lang wie das Rostrum. Hintere Beine länger als die Vorderbeine. Krallen und Haftlappen dick (Fig. 39c). L. 850 μ; Br. 600 μ.

Nordamerika (Muncie, Illinois), in Moos.

B. m. var. **minnesotensis** H. E. Ewing 1913 *B. m.* var. *m.*, H. E. Ewing in: Bull. Amer. Mus., *v.* 32 p. 113.

Kleiner als die Hauptart und schwächer gefärbt. Endborsten des 5. Palpengliedes kürzer, die längste nur $1^1/_2$ mal so lang wie das 5. Glied.

Nordamerika (Minnesota).

B. marina Pack. 1884 *B. m.*, A. S. Packard in: Amer. Natural., *v.* 18 p. 828 f. | 1914 *Bella m.*, A. S. Pearse in: Bull. Wisconsin Soc., n. ser. *v.* 12 p. 77.

Siehe *Molgus littoralis* (L.).

New Jersey, Nahant (Mass.), am Strande.

3. Gen. **Spinibdella** Sig Thor

?1892 *Bdella*, Ant. Berlese, A. M. S., fasc. 62 nr. 7 | 1930 *Spinibdella*, Sig Thor in: Zool. Anz., *v.* 92 p. 22 f. 6.

Körperform schmal, jedoch von den schmaleren *Bdella*-Arten nicht stark abweichend (Fig. 40); Körperfurche zwischen Thorax und Abdomen sehr deutlich. Augen jeder Seite näher beisammen und weiter vorn als bei *B.* Anstatt der thorakalen Dorsalschilder nur ein Paar Chitinerhebungen in Verbindung mit den Poren der hinteren Sinneshaare innerhalb der Augen (Fig. 41 a). Rostrum lang und außerordentlich schmal, mit reduzierten Haaren an der Ventralseite des Maxillarbodens. Mandibeln lang und außerordentlich schmal (fast nadelähnlich) mit 2 fast rudimentären, äußerst winzigen, stark distal verschobenen Härchen (Fig. 41 b). Palpen kurz, besonders das annähernd eiförmige 5. Glied mit 2 sehr langen Endborsten, 2. und 3. Glied nicht voneinander getrennt; Palpen kürzer als das Rostrum und kürzer als die Mandibeln. Wahrscheinlich eine von *B.* abstammende, in Rückbildung begriffene Form.

Typus: *S. reducta* Sig Thor.

Nur eine Art.

1. **S. reducta** Sig Thor ?1892 *Bdella lignicola* (part.), Ant. Berlese, A. M. S, fasc. 62 nr. 7 | 1930 *Spinibdella reducta*, Sig Thor in: Zool. Anz., *v.* 92 p. 23 f. 6, 7.

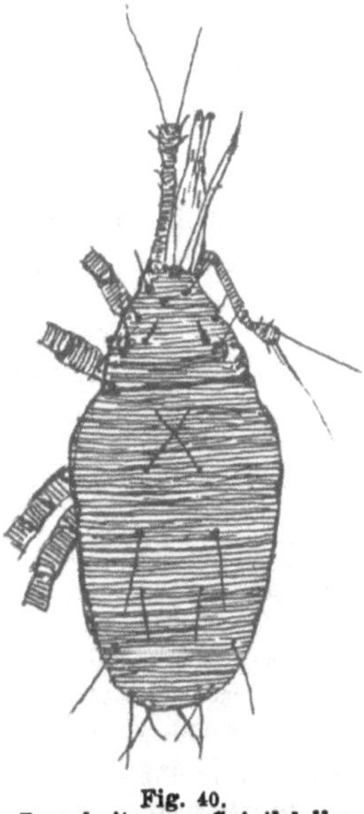

Fig. 40.
Dorsalseite von Spinibdella reducta Sig Thor.

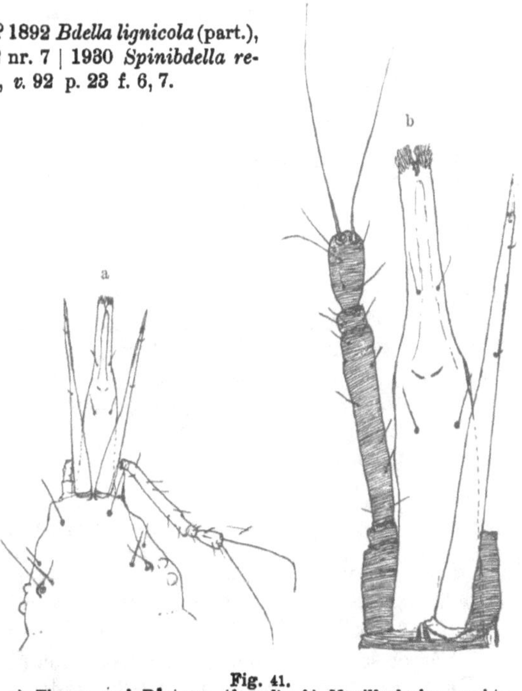

Fig. 41.
a) Thorax und Rostrum (dorsal), b) Maxillarboden, rechte Mandibel, linke Palpe (dorsal) und Stigmen von Spinibdella reducta Sig Thor.

Körperform wie in der Gattungsdiagnose angegeben. Färbung sehr dunkel, am lebenden Individuum fast schwarz oder dunkelrot mit schwarzen Flecken; Rostrum, Palpen und Beine heller. Haare des Abdomens länger, aber sparsamer als gewöhnlich bei *Bdella* (Fig. 40). Die spezifischen Sinneshaare am Thorax lang, aber sehr leicht abfallend. Von jeder größeren Pore der hinteren Sinneshaare läuft schräg nach vorn und medial je eine faltenähnliche Chitinerhebung, die wahrscheinlich eine ähnliche Rolle wie eine longitudinale Schildleiste bei *B.* spielt (Fig. 41a). Die Länge des Thorax ist annähernd 250 µ. Die Länge des Rostrum ist ca. 350 µ; Breite an der hinteren Hälfte etwa 60 µ, an der vorderen 35 µ, also hier 10 mal länger als breit. Jede Mandibel hat eine Länge von 345 µ und eine Breite (hinten) von 25 µ, ist also etwa 13 mal länger als breit, mit schmaler, spitzer Schere (ohne Zähne). Die Mandibularhaare (Fig. 41b) sind so winzig, daß sie schwer zu entdecken sind, und stark distal verschoben; das proximale Härchen sitzt vor der Mitte (mehr distal) und das distale gleich hinter der Schere. Die Palpen (Fig. 41a, b) sind kürzer als die Mandibeln und zeigen folgende Gliedlängen: 1. 17 µ; 2. 132 µ; 3. 25 µ; 4. 17 µ; 5. 50 µ (Breite 27 µ). Das 5. Glied ist annähernd eiförmig, jedoch am distalen Ende unregelmäßig, mit 2 großen Haarporen. Besonders muß bemerkt werden, daß das 3. Glied fast ohne Grenze mit dem 2. verwachsen ist. Der Haarbesatz der Palpenglieder (Fig. 41a, b) ist folgender: 2. 6; 3. 1; 4. 4; 5. 5 kurze Haare und 2 sehr lange Endborsten (Länge ca. 250 µ, also mehr als die ganze Palpenlänge). L. 836 µ (ohne Rostrum), mit Rostrum 1200 µ; Br. 420 µ.

Es läßt sich nicht entscheiden, ob die von Ant. Berlese (A. M. S., fasc. 62 nr. 7) erwähnten („setis mandibularum deficientibus vel minimis, palpisque curtioribus") in Italien gefundenen Exemplare mit der hier beschriebenen Art übereinstimmen; es ist nicht unwahrscheinlich.

Norwegen (Hedemarken), am Boden im Nadelwald.

4. Gen. **Trachymolgus** Berl.

1876 *Bdella*, G. Canestrini & Fanzago in: Atti Soc. Veneto-Trent., *v.* 5 p. 108 | 1885 *B.*, G. Canestrini in: Atti Ist. Veneto, ser. 6 *v.* 3 p. 1677 | 1887 *B.*, Ant. Berlese, A. M. S., fasc. 40 nr. 4 | 1894 *B.*, Supino in: Bull. Soc. Veneto-Trent., *v.* 5 p. 197 | 1923 *Trachymolgus*, Ant. Berlese in: Redia, *v.* 15 p. 242.

Unterscheidet sich von *Bdella* Latr. durch die stark verdickte (panzerartige), mit runden Grübchen besetzte Haut. Thorax mit 2 Paar sehr langen Sinneshaaren und 2 anderen kurzen Haaren; Augen jeder Seite weit voneinander getrennt. Rostrum schmal; Mandibelschere mit wenigen Zähnen. Palpen wenig behaart, sonst etwa wie bei *B.*; 5. Glied distal, wenig erweitert, mehr lang-elliptisch, mit 2 langen Endborsten.

Typus: *Bdella nigerrima* Can. & Fanz.

Nur eine Art.

1. **T. nigerrimus** (Can. & Fanz.) ?1762 *Acarus citri*, Hasselquist, Reise Paläst., p. 471 | 1876 *Bdella nigerrima*, G. Canestrini & Fanzago in: Atti Soc. Veneto-Trent., *v.* 5 p. 108 | 1885 *B. n.*, G. Canestrini in: Atti Ist. Veneto, ser. 6 *v.* 3 p. 1677 t. 22 f. 1 | 1887 *B. n.*, Ant. Berlese, A. M. S., fasc. 40 nr. 4 | 1894 *B. n.*, Supino in: Bull. Soc. Veneto-Trent., *v.* 5 p. 197 | 1923 *Trachymolgus nigerrimus*, Ant. Berlese in: Redia, *v.* 15 p. 242 | ?1926 *Bdella citri*, A. C. Oudemans in: Tijdschr. Ent., *v.* 69 suppl. p. 118.

Körper schwarz. Haut panzerartig, rauh (Fig. 42a) mit kleinen Gruben und Höckern. Palpen und Beine wie bei anderen Bdellidae gestreift, sparsam behaart. Rostrum lang (220 µ), mit schmalen (240 µ l., 52 µ br.) Mandibeln;

beweglicher Scherenarm mit 1 Zahn, fester Arm mit 2—3 Zähnen (Fig. 42b); das distale Haar dicht hinter der Schere, das proximale am hinteren Drittel; beide Haare schwach. 3. Palpenglied vom 2. Glied schwach abgetrennt; 5. Palpenglied kürzer als das 2., ungefähr 2mal länger als das 3. + 4. zusammen, etwas erweitert (Fig. 42c), mit 2 sehr langen Endborsten (150 u. 170 μ) und 4 kurzen Haaren. Längen der Palpenglieder: 1. 24 μ; 2. 130 μ; 3. 40 μ; 4. 18 μ; 5. 85 μ. Die 4 Sinneshaare des Thorax sehr lang, die

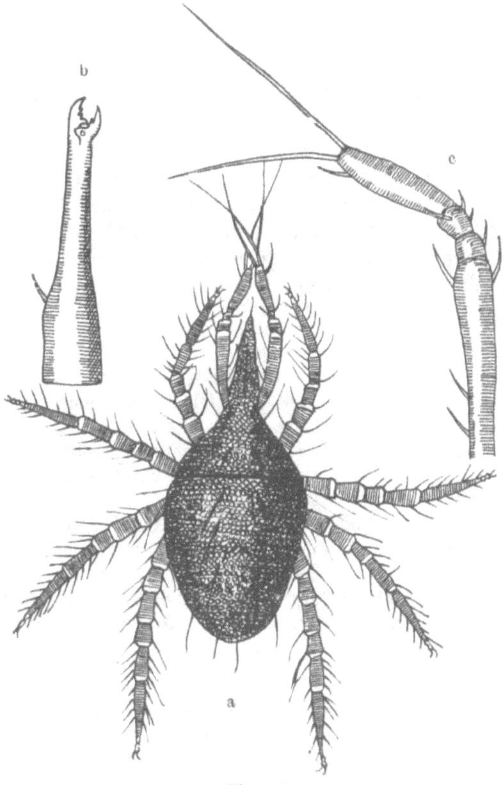

Fig. 42.
a) Habitus, b) Mandibel, c) Palpe von **Trachymolgus nigerrimus** (Can. & Fanz.) (nach G. Canestrini).

anderen dorsalen Haare weiß; die Augen anscheinend nicht abweichend, nur weit voneinander sitzend. Excretionsöffnung klein, ventral, erreicht nicht den hinteren Körperrand. Beine relativ kurz, wenig behaart, mit gewöhnlicher Haarsohle, ohne laterale Krallenhaare und mit schwach entwickeltem Ambulacrum. L. 500—770 μ; Br. 350—450 μ.

Nymphe und Larve unbekannt.

Italien (Padua, Sizilien) im Moos; Schweiz (2 Expl. bei Lugano, Juni 1930 von F. Grandjean gefunden).

5. Gen. **Scirus** Herm.

1804 *Scirus* (= Ciron), J. F. Hermann, Mém. apt., p. 61, 63 | ?1806 *Bdella*, Latreille, Gen. Crust. Ins., *v.* 1 p. 153 | 1818 *B.*, Lamarck, Hist. An. s. Vert., *v.* 5 p. 71 | 1826 *B.* (*Scirus*), C. Heyden in: Isis, p. 608 | 1835 *B.*, C. L. Koch, C. M. A., fasc. 1 nr. 24 |

1839 *B.*, C. L. Koch, C. M. A., fasc. 23 nr. 4, 5 | 1842 *B.*, C. L. Koch, Übers. Arach., *v.* 3 p. 73 | 1876 *Scirus*, O. P. Cambridge in: P. zool. Soc. London, p. 259 t. 19 f. 2 | 1881 *Bdella*, P. Kramer in: Z. Naturw., *v.* 54 p. 443 t. 4 f. 8 | 1882 *B.*, G. Haller in: Jahresh. Ver. Württemb., *v.* 38 p. 313 | 1885 *B.*, G. Canestrini in: Atti Ist. Veneto, ser. 6 *v.* 3 p. 1673 t. 23 f. 2 | 1887 *B.*, Ant. Berlese, A. M. S., fasc. 45 nr. 6 | 1890 *B.*, Moniez in: Rev. biol. Nord France, *v.* 3 p. 22 | 1893 *B.*, Ant. Berlese, A. M. S., Prost. p. 40, 42 | 1899 *B.*, N. Banks in: Jordan, Fur Seals, pars 4 app. C. p. 348 | 1902 *B.*, Trägårdh in: Bih. Svenska Ak., *v.* 28 nr. 5 p. 7 | 1902 *Scirus*, Sig Thor in: Verh. Ges. Wien, *v.* 52 p. 160 | 1904 *S.*, Sig Thor in: Zool. Anz., *v.* 28 p. 75 | 1913 *S.*, Sig Thor in: ibid., *v.* 42 p. 29, 30 | 1915 *Bdella*, J. N. Halbert in: P. Irish Ac., *v.* 31 p. 113 | 1922 *Scirus*, Schweizer in: Verh. Ges. Basel, *v.* 33 p. 78 | 1923 *Molgus*, Ant. Berlese in: Redia, *v.* 15 p. 237 | 1926 *Scirus*, Vitzthum in: Treubia, *v.* 8 p. 126 | 1928 *S.*, Sig Thor in: Zool. Anz., *v.* 77 p. 217, 218 | 1929 *S.*, Vitzthum in: Tierw. Mitteleur., *v.* 3 p. VII 58 | 1929 *S.*, Sig Thor in: N. Mag. Naturv., *v.* 67 t. 6.

Die Gattung *Scirus* zeichnet sich von den verwandten Bdelliden-Gattungen besonders dadurch aus, daß keine subcutane Chitinlinie und keine Schilder am Thorax vorhanden sind (= „*nudi*“ nach Berlese 1923), und daß die Mandibeln nur mit je einem Haar ausgestattet sind; letztes Palpenglied lang und zylindrisch, ohne besonders lange Endborsten (Fig. 43c). Genitalnäpfe schwach entwickelt. Körper groß.

3 sichere und 3 unsichere Arten.

Bestimmungstabelle der *Scirus*-Arten:

1 a) Palpen von mittlerer Länge (500—780 µ). 3. Glied gleich lang wie das 4.; 5. fast 3 mal länger als das 3. + 4. Glied zusammen. Die Beine erreichen nicht oder kaum Körperlänge (1100—2000 µ) . . . . . 1. **S. longirostris**

b) Palpen sehr lang oder außerordentlich lang; 4. Glied viel länger als das 3.; 5. kaum oder höchstens 2 mal länger als das 3. + 4. Glied zusammen. Die Beine erreichen Körperlänge **2**

2 a) Palpen sehr lang (1200 µ) und kräftig; 4. Glied doppelt so lang wie das 3.; das 5. etwa $1^1/_2$ mal länger als das 3. + 4. zusammen; das 2. länger als $^2/_3$ des Rostrum. Körperlänge 16—1860 µ . . . . 2. **S. porrectus**

b) Palpen außerordentlich lang und dünn (2000 µ); 4. Glied $1^1/_2$ mal länger als das 3.; 5. doppelt so lang wie das 3. und 4. zusammen. Körperlänge (ohne Rostrum) 2600 µ . . . . 3. **S. exilicornis**

1. **S. longirostris** Herm. 1804 *S. l.*, J. F. Hermann, Mém. apt., p. 62 t. 6 f. 12 | ? 1806 *Bdella rubra*, Latreille, Gen. Crust. Ins., *v.* 1 p. 153 | 1818 *B. longirostris*, Lamarck, Hist. An. s. Vert., *v.* 5 p. 71 | 1835 *B. ornata*, C. L. Koch, C. M. A., fasc. 1 nr. 24 | 1839 *B. longirostris*, C. L. Koch, C. M. A., fasc. 23 nr. 4, 5 | 1863 *B. l.*, Andersén in: Öfv. Ak. Förh., *v.* 20 p. 185 | ? 1876 *Scirus pallidus*, O. P. Cambridge in: P. zool. Soc. London, p. 259 t. 19 f. 2 | 1881 *Bdella longirostris*, P. Kramer in: Z. Naturw., *v.* 54 p. 443 t. 4 f. 8 | 1882 *B. l.*, G. Haller in: Jahresh. Ver. Württemb., *v.* 38 p. 313 | 1885 *B. l.*, G. Canestrini in: Atti Ist. Veneto, ser. 6 *v.* 3 p. 1673 t. 23 f. 2 | 1887 *B. l.*, Ant. Berlese, A. M. S., fasc. 45 nr. 6 | 1888 *B. l.*, Ant. Berlese in: Bull. Soc. ent. Ital., *v.* 20 p. 173 | 1890 *B. l.*, Moniez in: Rev. biol. Nord France, *v.* 3 p. 30 | ? 1894 *B. peregrina*, N. Banks in: Tr. Amer. ent. Soc., *v.* 21 p. 219, 220 | ? 1899 *B. frigida*, N. Banks in: Jordan, Fur Seals, pars 4 app. C. *v.* 4 p. 348 | 1902 *B. longirostris*, Trägårdh in: Bih. Svenska Ak., *v.* 28 nr. 5 p. 7 | 1904 *B. californica*, N. Banks in: P. Calif. Ac., ser. 3 *v.* 3 p. 366 t. 41 f. 60 | 1904 *Scirus longirostris*, Sig Thor in: Zool. Anz., *v.* 28 p. 75 | 1913 *S. l.*, Sig Thor in: ibid., *v.* 42 p. 28, 30 | 1915 *Bdella l.*, J. N. Halbert in: P. Irish Ac., *v.* 31 p. 113 | 1922 *Scirus l.*, Schweizer in: Verh. Ges. Basel, *v.* 33 p. 78 | 1923 *Molgus (Hoplomolgus) l.*, Ant. Berlese in: Redia, *v.* 15 p. 237, 238 | 1926 *Scirus l.*, Vitzthum in: Treubia, *v.* 8 p. 126—135 f. 77—79 | 1929 *S. l.*, Vitzthum in: Tierw. Mitteleur., *v.* 3 p. VII 58.

Rot, bisweilen gelblich, mit dunkelbraunen (fast schwarzen) und hellen Flecken. Körper groß, langgestreckt, relativ schmal (Fig. 43a). Körperfurche zwischen Thorax und Abdomen deutlich. Rostrum lang (400—460 μ), von gewöhnlichem Bau, mit 6 Paar ventralen, z. T. langen Haaren. Mandibeln von Rostrallänge, distale Hälfte schmal und dünn, mit einem einzigen Haar distal vor der Mitte; Schere klein; jeder Scherenarm je mit einem kleinen, ziemlich distalen Zahn (Fig. 43 b). Die charakteristischen, langen Palpen (Länge 500—780 μ) zeigen schmale zylindrische Glieder von ungefähr gleicher Dicke (Fig. 43 c). Länge der einzelnen Glieder: 1. Glied 33 μ; 2. 325 μ; 3. 56 μ; 4. 56 μ; 5. 315 μ (jedoch ziemlich variierend). Die Anzahl der Haare am 2. Glied 10—15, am 5. 12—14 (gewöhnlich in 3—4 Reihen); die beiden Endborsten nur wenig länger als die übrigen langen Borsten des Gliedes. Der Thorax (ohne Schilder) hat die gewöhnlichen 2 lateralen Augenpaare, 2 Paar lange, wenig spezialisierte Sinneshaare und 1 oder 2 Paar

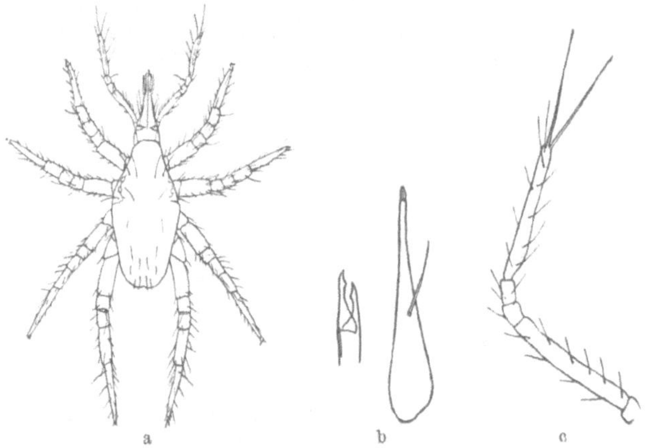

Fig. 43.
a) Habitus, b) Mandibel (nach H. Vitzthum), c) Palpe (nach Ant. Berlese) von **Scirus longirostris** Herm.

andere Haare, die meisten ziemlich proximal. Abdomen mit 5—7 Paar dorsalen, nicht sehr langen Haaren, und am Hinterrande mit einzelnen kürzeren Haaren. Die ventralen Haare sind namentlich an den Epimeren und in der Umgebung der Genital- und Excretionsöffnungen befestigt. Die Genitalklappen zeigen 8—9 Paar kurze Haare und darunter 3 gewöhnliche Näpfe. Weiter innen findet man die gewöhnlichen Chitinbildungen (ziemlich klein) und mehrere lange Haare. Beine bei jungen Individuen sehr lang (650—1000 μ), bei eiergefüllten Weibchen relativ kürzer, nicht von Körperlänge; jede Kralle besitzt lateral je 4—6 gebogene Härchen. L. bis zu 2000 μ; Br. bis zu 800 μ.

Nicht sehr häufig, aber weit verbreitet. In den meisten europäischen Ländern gefunden.

Europa, Asien, Amerika.

Es ist wahrscheinlich, daß einzelne als Synonyme aufgeführte „amerikanische" Arten (z. B. *Bdella californica* Banks) selbständige Arten sind. Die angegebenen Merkmale genügen aber nicht, um sie bestimmt zu erkennen.

2. **S. porrectus** (P. Kram.) 1898 *Bdella porrecta*, P. Kramer in: Ergeb. Hamburg. Magalh. Sammelr., *v.* 2 Acar. p. 11, 12 f. 16, 17 | 1913 *B. magna*, H. E. Ewing in: J. Ent. Zool., *v.* 5 p. 123 f. 1 | 1923 *Molgus (Hoplomolgus) venustus*, Ant. Berlese in: Redia, *v.* 15 p. 239.

Körper groß und robust. Rot mit helleren Gliedmaßen. Rostrum 900 μ lang; Maxillarboden ventral mit 5 Paar kurzen Haaren (Fig. 44b); der Basalteil ist 250 μ, der Schnabel 650 μ lang, hinten 100 μ breit, an der distalen Spitze 50 μ breit. Mandibeln 650 μ lang, hinten 100 μ breit, vorn 30 μ breit. Palpen (Fig. 44c) auffallend lang (1200 μ) und schlank; Gliederlängen: 1. Glied 50 μ; 2. 550 μ; 3. 100 μ; 4. 180 μ; 5. 350 μ. Das 2. Glied hat mehr als $^2/_3$ der Länge des Rostrum. Von *S. longirostris* Herm. ist diese Art dadurch charakteristisch unterschieden, daß das 4. Glied fast doppelt so lang wie das 3. und halb so lang wie das 5. ist, das kaum 40 μ breit ist. Das 5. Glied ist schmal zylindrisch und besitzt 10 kürzere Haare und 2 lange Endborsten; 2. hat median 5 kurze und 4. 4 ziemlich distale Haare (Fig. 44c). Beine kräftig,

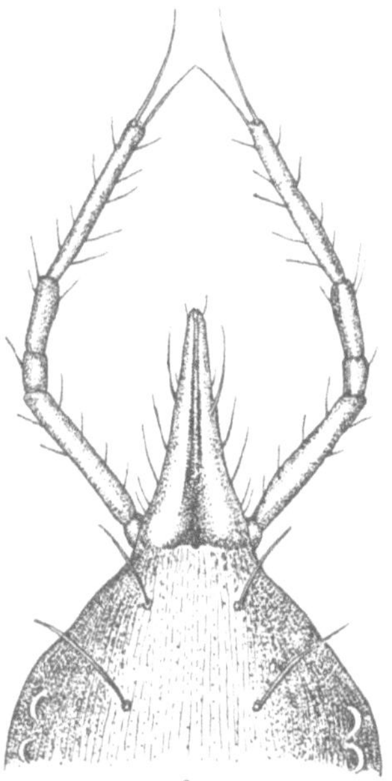

a

b c

Fig. 44.
a) Thorax und Rostrum (nach H. E. Ewing), b) Maxillarboden, c) Rostrum und Palpe (nach P. Kramer) von **Scirus porrectus** (P. Kram.).

etwa von Körperlänge. Das Abdomen hat wenige kurze, einfache Haare. Am Thorax sind von Ewing dorsal nur 2 Haarpaare abgebildet. L. 1600 bis 1860 μ.

Nordamerika (Corvallis, Oregon); Südamerika (Chile, Valparaiso, Viña del Mar, Landsee); Ostafrika.

3. **S. exilicornis** (Berl.) 1910 *Bdella e.*, Ant. Berlese in: Redia, *v.* 6 p. 347.

Groß, rot. Körperform wie bei *Bdella longicornis* (L.), aber größer. Palpen sehr lang (etwa 2000 μ) und dünn. 2. Glied 850 μ; 3. 150 μ; 4. 220 μ; 5. 750 μ lang, also mehr als das Doppelte der Gliederlängen bei *S. longirostris* Herm. 5. Glied doppelt so lang wie das 3. + 4. zusammen, 40 μ breit (dünner als die anderen), mit 5 langen medianen und 4 lateralen Haaren; die beiden Endborsten etwas länger als die anderen Haare. L. 2600 μ (ohne Rostrum); Br. 1300 μ.

Südafrika („Kapstadt"). Trotz der in gewissen Beziehungen mangelhaften Beschreibung läßt sich diese Art hoffentlich (mit Hilfe der exakten Gliedlängen der Palpen) wiedererkennen.

Unsichere *Scirus*-Arten:

S. peregrinus (Banks) 1894 *Bdella peregrina*, N. Banks in: Tr. Amer. ent. Soc., *v.* 21 p. 219, 220.

Rot. Die Körperhaare des Abdomens kurz; die hinteren Haare am Thorax länger als gewöhnlich. Mandibeln länger als der Thorax. 2. Palpenglied $^3/_4$ der

Mandibellänge, mit 10 Haaren; 3. Glied so lang wie das 4.; 5. etwas kürzer als das 2. und 3 mal länger als das 3. + 4. zusammen; die längste Endborste von Gliedlänge. Das 4. Beinpaar hat die längsten Haare. L. 1700 µ.

Nordamerika (Sea Cliff, New York), unter Brettern und Schiffen.

S. robustus (Banks) 1894 *Bdella robusta*, N. Banks in: Tr. Amer. ent. Soc., *v.* 21 p. 220.

Rot, bisweilen mit schwarzen Flecken. Mit der vorigen Art verwandt, jedoch kleiner, mit kürzeren Mandibeln und Palpen. 2. Palpenglied $^1/_2$ der Mandibellänge, mit wenigen Haaren. 3. so lang wie das 4.; 5. fast 2 mal so lang wie das 3. + 4., mit 6 Haaren; die längste Endborste von Gliedlänge. Kurze Haare am Abdomen und an den Beinen. L. 1100 µ.

Nordamerika (Sea Clift, New York), am Boden.

S. distinguendus (Berl.) 1905 *Bdella distinguenda*, Ant. Berlese in: Redia, *v.* 2 p. 157 t. 15 f. 8 | ?1926 *Scirus longirostris*, Vitzthum in: Treubia, *v.* 8 p. 134, 135.

Klein. Steht *S. longirostris* Herm. sehr nahe, unterscheidet sich aber besonders dadurch, daß das 5. Palpenglied sehr lang (= 2. Glied) und distal ziemlich dick ist; die 2 Endborsten von mittlerer Länge; 2. Glied median mit 4 Haaren; lateral mit 2 Haaren (Fig. 45). Es ist wahrscheinlich, daß diese Form eine besondere Art repräsentiert; es sind aber nicht Merkmale genug angegeben, um sie genau zu charakterisieren (vielleicht eine Nymphe). L. 900 µ.

Java (Buitenzorg).

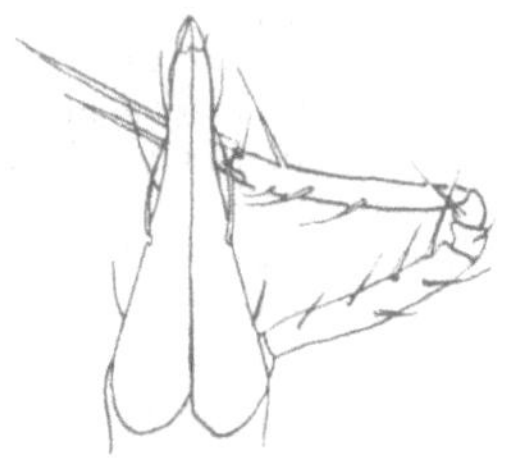

Fig. 45.
Mandibel und Palpe von **Scirus distinguendus** (Berl.) (nach Ant. Berlese).

6. Gen. Biscirus Sig Thor

?1839 *Bdella*, C. L. Koch, C. M. A., fasc. 23 nr. 17, 19 | 1841 *Scirus*, P. Gervais in: Ann. Sci. nat., ser. 2 *v.* 15 p. 7 t. 2 f. 2 | 1844 *Bdella*, P. Gervais in: Walckenaer & P. Gervais, Hist. Apt., *v.* 3 p. 156 t. 38 f. 7 | 1881 *B.*, P. Kramer in: Z. Naturw., *v.* 54 p. 444 | 1887 *B.*, O. Stoll in: Biol. Centr.-Amer., Arach.-Acar. p. 15 t. 8 f. 2 | 1904 *Scirus*, Sig Thor in: Zool. Anz., *v.* 28 p. 76 | 1912 *Bdella*, C. F. George in: Naturalist London, p. 47, 48 | 1913 *Biscirus*, Sig Thor in: Zool Anz., *v.* 42 p. 28 | 1922 *B.*, Schweizer in: Verh. Ges. Basel, *v.* 33 p. 79 | ? 1923 *Molgus (Hoplomolgus)*, Ant. Berlese in: Redia, *v.* 15 p. 238 | 1927 *Biscirus*, Sig Thor in: Annuaire Mus. Leningrad, *v.* 27 p. 135 | 1928 *B*, Sig Thor in: Zool. Anz., *v.* 77 p. 213 | 1929 *B.*, Vitzthum in: Tierw. Mitteleur., *v.* 3 p. VII 58 | 1930 *B.*, Sig Thor in: Skr. Svalbard Ishav., nr. 27 p. 95.

Körperform birnenförmig (bisweilen schmal), mit langem Rostrum. Jede Mandibel mit 2 dorsalen Haaren und kleiner Schere. Palpen von mittlerer Länge, mit annähernd zylindrischem Endglied und 2 etwas verlängerten Endborsten; 2. und 5. Glied an Länge nicht sehr verschieden. Am Thorax nur 2 (selten 3) dorsale Haarpaare. Subcutane Schildplatte am Thorax sehr schwach entwickelt; am häufigsten eine vordere, nach hinten gebogene feine Chitinlinie (vielleicht die vordere Grenze der Schildplatte) zu sehen. Sonst mit weicher, fein gestreifter Haut, endständiger Excretionsöffnung, lateralen Krallenhaaren und anderen üblichen Bdellidencharakteren.

Typus: *Bdella silvatica* P. Kramer

2 Untergattungen, 9 sichere Arten, 2 Varietäten, 3 unsichere Arten.

Bestimmungstabelle der *Biscirus*-Arten mit zwei Untergattungen:

1 a) Mandibelschere ohne Zähne. a) Subgen. *Biscirus* Sig Thor 2
b) Mandibelschere mit mehreren Zähnen. b) Subgen. *Odontoscirus* Sig Thor, Körperlänge ca. 1600 µ . . . . 9. **B. (O.) virgulatus**

2a) Die beiden Mandibelhaare weit voneinander befestigt 3
b) Die beiden Mandibelhaare einander stark genähert. Körperlänge bis 2000 μ: 2. **B. (B.) norvegicus**
3a) Das proximale Mandibelhaar verschwindend klein (anscheinend rückgebildet); das distale normal, wohl entwickelt. Länge bis 2100 μ: 3. **B. (B.) intermedius**
b) Beide Mandibelhaare normal, von annähernd gleicher Größe 4
4a) 5. Palpenglied nur $^2/_3$ so lang wie das 2., mit einer kleinen, charakteristischen Erweiterung an der Mitte, und mit nur ganz wenigen (etwa 4) Haaren; Mandibelhaare distal verschoben . . . . 1. **B. (B.) silvaticus**
b) 5. Palpenglied länger, bisweilen eben so lang wie das 2. und mit mehreren (8—10) Haaren 5
5a) 4. Palpenglied ungefähr von derselben Länge wie das 3. 6
b) 4. Palpenglied viel länger als das 3. 8
6a) Palpen mittellang, 5. Glied relativ kurz und sehr dick, distal schwach erweitert; Endborsten mittellang. Länge bis 1700 μ . 4. **B. (B.) lapidarius**
b) Palpen lang, 5. Glied lang und zylindrisch oder distal schmaler werdend . 7
7a) Beine schlank, sparsam behaart, Krallen sehr dick. 5. Palpenglied kürzer als das 2.; Endborsten der Palpen sehr kurz. Körperlänge 1250 μ: 7. **B. (B.) splendidus**
b) Beine und Krallen nicht abweichend. 5. Palpenglied von derselben Länge wie das 2.; Endborsten der Palpen mittellang. Körperlänge etwa 1200 μ: 6. **B. (B.) symmetricus**
8a) 4. Palpenglied $1^1/_2$ mal länger als das 3. Körperlänge etwa 1400 μ: 5. **B. (B.) uncinatus**
b) 4. Palpenglied 3 mal länger als das 3., das sehr kurz ist. Körperlänge 1250 μ, Breite etwa 730 μ . . . . 8. **B. (B.) anomalicornis**

1. **B. (B.) silvaticus** (P. Kram.) 1881 *Bdella silvatica*, P. Kramer in: Z. Naturw., *v.* 54 p. 445 t. 4 f. 11 | 1890 *B. sylvatica*, Moniez in: Rev. biol. Nord France, *v.* 3 p. 30 | 1893 *B. s.*, Ant. Berlese, A. M. S., Prost. p. 42 | 1904 *Scirus silvaticus*, Sig Thor in: Zool. Anz., *v.* 28 p. 76 | 1905 *S. s.*, Sig Thor in: ibid., *v.* 29 p. 203 f. 4, 6 | 1913 *Biscirus s.*, Sig Thor in: ibid., *v.* 42 p. 30 | 1922 *B. s.*, Schweizer in: Verh. Ges. Basel, *v.* 33 p. 79 | 1929 *B. s.*, Vitzthum in: Tierw. Mitteleur., *v.* 3 p. VII 58.

Eine langgestreckte, schmale Form. Rostrum 500 μ lang, hinten 120 μ breit; Mandibelbreite entsprechend reduziert, also 4 mal so lang wie breit. Besonders charakteristisch sind die beiden Mandibelhaare, die distal verschoben sind, das vordere nur 120 μ vom distalen Gliedende, das hintere sogar 175 μ vom proximalen Gliedende (Fig. 46); Abstand zwischen beiden etwa 132 μ; dazu kommt eine starke Reduktion der Haare, indem sie durchschnittlich nur 50 μ, selten 65—75 μ messen. Die Scherenarme sind schmal und spitz, beide fast von gleicher Länge. *B. s.* läßt sich durch eine Mandibel allein von den anderen bekannten Arten unterscheiden. Dasselbe gilt von den Palpen und der Behaarung derselben (Fig. 47). Sie machen einen verkrüppelten Eindruck, besonders was die Dicke und die Behaarung betrifft; Totallänge beispielsweise 530 μ; 1. Glied 24 μ; 2. 240 μ; 3. 48 μ; 4. 72 μ; 5. 163 μ. Behaarung außerordentlich spärlich: 2. Glied mit

Fig. 46. Mandibel von **Biscirus silvaticus** (P. Kram.) (nach P. Kramer).

Fig. 47. Palpe von **Biscirus silvaticus** (P. Kram.) (nach Sig Thor).

nur 2—3, 4. mit 1—2, 5. mit 3—4 Haaren, die beiden Endborsten relativ lang (ca. 240 μ). An der Befestigungsstelle des einen lateralen Haares findet distal eine kleine, aber deutliche Verengung und daneben eine Erweiterung (Fig. 47) statt, weshalb eine genaue Beobachtung dieses (5.) Gliedes genügt, um die Art zu erkennen. An der ventralen Seite des Rostrum stehen gewöhnlich nur 2—3 Haarpaare, eine selten starke Reduktion. Sonst sind keine besonderen Merkmale beobachtet. Die beiden langen vorderen Sinneshaare am Thorax sind sehr distal befestigt, die beiden hinteren den Augen genähert; zwischen diesen stehen 2 kurze dicke Borsten. Subcutane Schilder sind nicht beobachtet (wahrscheinlich sehr schwach vorhanden), ebenfalls keine spezifischen Charaktere am Abdomen, an den Beinen oder am Genitalorgan. L. 1300—2000 μ; Br. ca. 600 μ. Nymphe und Larve unbekannt.

Deutschland, Frankreich, Schweiz, Norwegen.

2. **B. (B.) norvegicus** (Sig Thor) 1905 *Scirus n.*, Sig Thor in: Zool. Anz., *v.* 29 p. 203 f. 1, 2, 3, 5 | 1913 *Biscirus n.*, Sig Thor in: ibid., *v.* 42 p. 29 | 1921 *Bdella norvegica*, J. E. Hull in: Tr. nat. Hist. Soc. Northumb., n. ser. *v.* 5 p. 40 | 1928 *Biscirus norvegicus*, Sig Thor in: Zool. Anz., *v.* 77 p. 216.

Diese Form ist mit *B. silvaticus* (P. Kram.) verwandt und wird bei oberflächlicher Betrachtung leicht mit dieser Art verwechselt. Jedoch unterscheidet sie sich deutlich sowohl durch den Bau und die Behaarung der

Fig. 48.
Rostrum und Mandibeln von **Biscirus norvegicus** (Sig Thor) (nach Sig Thor).

Fig. 49.
Palpe von **Biscirus norvegicus** (Sig Thor) (nach Sig Thor).

Palpen als durch die Behaarung der Mandibeln und des Rostrum (Fig. 48). Rostrum etwa 660 μ lang (oder länger); hinten 170 μ breit; an der ventralen Seite stehen gewöhnlich 5—7 Paar Haare. Die Mandibeln (600 μ lang) sind ein wenig breiter als bei der Vergleichsart, und die Schere ist viel kürzer; besonders der „feste" Scherenarm ist kurz und abgestumpft; die Schere ist (wie gewöhnlich) ganz ungezähnt. Namentlich bietet die Befestigung der Mandibelhaare ein vorzügliches Charakteristikum. Auf jeder Mandibel sind sie nämlich dicht nebeneinander, an oder etwas hinter der Mitte befestigt; sie sind weich und sehr lang (230—260 μ). Die Palpen (bis 1000 μ lang) haben folgende Gliedlängen: 1. 25 μ; 2. 460 μ; 3. 88 μ; 4. 135 μ; 5. 330 μ.

Die Behaarung (Fig. 49) ist etwas reicher als bei *B. silvaticus* (P. Kram.), nämlich: 2. Glied mit 4; 3. mit 1; 4. mit 3; 5. mit 7 Haaren; die beiden Endborsten sind relativ kurz (290 μ und 340 μ lang). Die 4 Sinneshaare am Thorax sind sehr fein und lang (bis zu 435 μ). Die Beine sind relativ lang, 4. Paar von Körperlänge oder mehr (etwa 2000 μ). In den übrigen Merkmalen weicht die Art vom gewöhnlichen Typus der Gattung nicht besonders ab. L. 1700—2000 μ; Br. ca. 600 μ. Nymphe und Larve nicht beschrieben.

Bisher nur in Norwegen (Gudbrandsdalen) und England (Allendale) gefunden.

2 a. B. (B.) n. var. **sardica** (Vitzthum) 1920 *Scirus n.* var. *sardicus*, Vitzthum in: Arch. Naturg., *v.* 86 p. 2 f.

5. Glied der Beinpaare 1, 2, 3 und 6. der Beinpaare 3 und 4 dorsal mit je einem langen, glatten Haar (wahrscheinlich spezifischem Sinneshaar) in großer Pore. L. nur 700 μ, Br. 310 μ [vielleicht eine Nymphe].

Italien, im Nest von *Camponotus maculatus* bei Sorgona (Sardinien).

3. B. (B.) **intermedius** Sig Thor 1928 *B. i.*, Sig Thor in: Zool. Anz., *v.* 77 p. 213 f. 1, 2.

Die Art nähert sich in einzelnen Beziehungen *Scirus longirostris* Herm. und ist wahrscheinlich öfters mit dieser verwechselt. Nicht nur sind die Palpen ähnlich (Fig. 50), sondern es scheint bei oberflächlichem Betrachten,

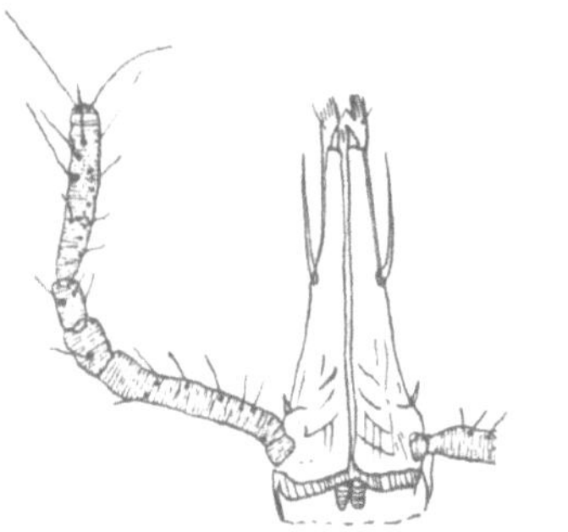

Fig. 50.
Linke Palpe und Mandibel von **Biscirus intermedius** Sig Thor (nach Sig Thor).

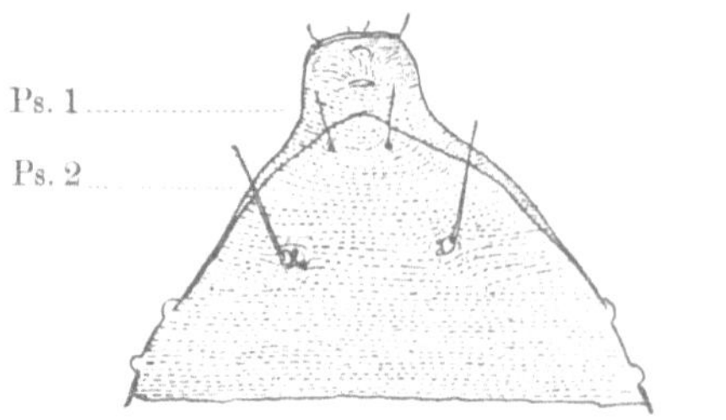

Fig. 51.
Thorax von **Biscirus intermedius** Sig Thor (nach Sig Thor).

als hätte jede Mandibel je nur ein einziges Haar (das distale); bei genauer Untersuchung findet man aber auch ein proximales Haar, fast nur als Anlage (oder rudimentär), nur 72 μ vom proximalen Gliedende, etwa 130 μ hinter dem distalen Haare befestigt (Fig. 50). Die Länge dieses Haares ist nur 15—25 μ, während das distale Haar 120—130 μ mißt. Es ist deshalb leicht das kleine proximale Haar zu übersehen. Sonst haben die Mandibeln gewöhnliche Form [ungefähr wie bei *B. lapidarius* (P. Kram.)] und Länge (380 μ). Der bewegliche Scherenarm ist mehr gebogen und länger als der feste. Die Palpen erinnern an *B. lapidarius* und *B. norvegicus*, jedoch mit mehreren Haaren und anderen Gliedlängen: 2. Glied 228 μ; 3. 60 μ; 4. 60 μ; 5. 200 μ; die ganze Palpe gestreckt etwa 530—570 μ lang. Das 2. Glied hat 6—7, das 5. 10—12 Haare, die beiden Endborsten nicht sehr lang (Fig. 50). Außer der bei *B.* gewöhnlich feinen, gebogenen, transversalen, subcutanen Chitinlinie distal am Thorax (Fig. 51), scheinen noch mehr distal 2 kurze, dicke, transversale Chitinbildungen durch die Haut, die vordere sehr kurz und dick, die andere länger, stumpfeckig, fein. Am Thorax gibt es nur 2 dorsale Haarpaare. Dicht hinter der feinen Chitinlinie steht das distale Paar feiner Sinneshaare. Die beiden hinteren Haarpaare sind eigentümlich reduziert, anscheinend zu einem Paar verwachsen. Die Wurzel jedes Haares ist doppelt in einer großen Pore (Fig. 51); das aus der Pore aufsteigende, einfache Haar ist kräftig, gerade und macht eine starke Biegung nach vorn (und etwas lateral). Die anderen gewöhnlichen Haare fehlen dorsal am Thorax. Ähnliche Bildungen kommen bei den meisten anderen *B.*-Arten vor, jedoch mehr kompliziert und ausgeprägt bei *B. intermedius.* Die übrigen Organe sind nach dem üblichen *Biscirus*-Typus gebaut. L. 1400 μ (ohne Rostrum), mit Rostrum 1800 μ; Br. 760 μ. Nymphe und Larve unbekannt.

Bis jetzt nur in Norwegen (Oslo, Gudbrandsdalen, Finmarken) beobachtet.

4. **B. (B.) lapidarius** (P. Kram.) ?1841 *Scirus hexophthalmus*, P. Gervais in: Ann. Sci. nat., ser. 2 *v.* 15 p. 7 t. 2 f. 2 | ?1844 *Bdella hexophthalma*, P. Gervais in: Walckenaer & Gervais, Hist. Apt., *v.* 3 p. 156 t. 38 f. 7 | 1881 *B. lapidaria*, P. Kramer in: Z. Naturw., *v.* 54 p. 444 t. 4 f. 9 | 1893 *B. l.*, Ant. Berlese, A. M. S., Prost. p. 42 | 1904 *Scirus lapidarius*, Sig Thor in: Zool. Anz., *v.* 28 p. 76 | 1910 *Bdella lapidaria*, Trägårdh in: Naturw. Unters. Sarekgebirg., *v.* 4 p. 474 | ?1912 *B. hexopthalma*, C. F. George in: Naturalist London, p. 47 f. | 1928 *Biscirus lapidarius*, Sig Thor in: Zool. Anz., *v.* 77 p. 214 | 1929 *B. l.*, Vitzthum in: Tierw. Mitteleur., *v.* 3 p. VII 58 | 1930 *B. l.*, Sig Thor in: Skr. Svalbard Ishav., nr. 27 p. 95.

Form, Farbe, Haut wie üblich. Rostrum etwa 360 μ lang; an der ventralen Seite mit 6 kürzeren Haarpaaren. Jede Mandibel (Fig. 52) mit je 2 langen, wohl entwickelten Haaren, das distale fast an der Mitte (bei-

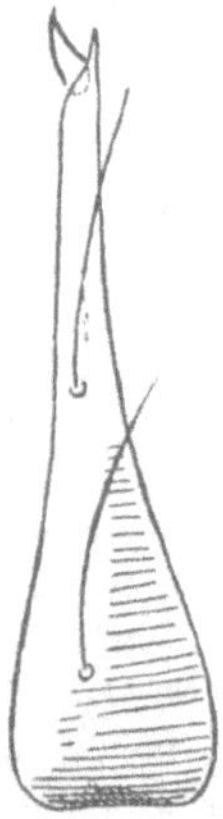

Fig. 52.
Mandibel von **Biscirus lapidarius** (P. Kram.) (nach P. Kramer).

Fig. 53.
Palpe von **Biscirus lapidarius** (P. Kram.) (nach P. Kramer).

spielsweise 156 μ vom distalen Ende einer 345 μ langen Mandibel), das proximale 110 μ hinter dem distalen. Länge des distalen Haares 120 μ, des proximalen 108 μ. Die etwa 435 μ langen Palpen (Fig. 53) zeigen folgende Gliedlängen: 1. Glied 24 μ; 2. 180 μ; 3. 43 μ; 4. 48 μ; 5. 154 μ. Das 2. Glied besitzt 5 Haare; das 5. 8—10; Länge der beiden Endborsten 125—170 μ. Die dorsalen Organe am Thorax erinnern sehr an *B. intermedius*, jedoch fehlt die vordere (distale) Chitinbildung und bisweilen fehlen beide; die feine subcutane Chitinlinie ist gewöhnlich sehr deutlich; die

4 (2 Paar) Sinneshaare in großen Poren[1]) sind etwas länger. Am hinteren Rande des Thorax, an der Grenze des Abdomens stehen bisweilen 4 kurze, aber steife Borsten. Die feinen Hautstreifen laufen bisweilen kreis-, bisweilen zickzackförmig, am häufigsten transversal. Beine dick, mit normaler Behaarung. In den übrigen Organen sind keine besonderen Charaktere beobachtet. L. etwa 1100—1700 μ; Br. 600—800 μ. Nymphe dem Erwachsenen ähnlich, jedoch kleiner; Larve nicht bekannt.

Europa (Deutschland, ?Frankreich, England, Norwegen, Svalbard, Schweden), ?Zentralamerika.

5. **B. (B.) uncinatus** (P. Kram.) 1898 *Bdella uncinata*, P. Kramer in: Ergeb. Hamburg. Magalh. Sammelr., *v.* 2 Acar. p. 12 f. 18—21 | ?1904 *B. californica*, N. Banks in: P. Calif. Ac., ser. 3 *v.* 3 p. 366 t. 41 f. 60.

Umriß oval, Rücken hochgewölbt. Rostium (Fig. 54) 450 μ lang, 150 μ breit mit 5 Paar Haaren an der Unterseite. Jede Mandibel (Fig. 55a) 500 μ lang, proximal 120 μ breit, distal 30 μ breit; die kleine Schere (Fig. 55b) hat keine Zähne; der unbewegliche Arm ist (wie bei mehreren *Molgus*-Arten)

Fig. 54.
Rostrum und Palpe (lateral) von **Biscirus uncinatus** (P. Kram.) (nach N. Banks).

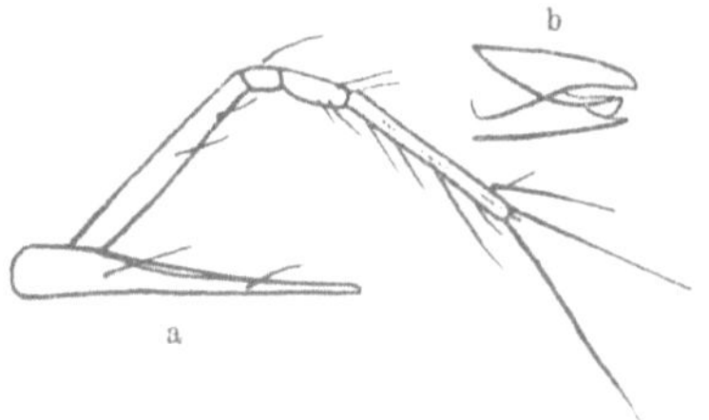

Fig. 55.
a) Mandibel und Palpe, b) Schere von **Biscirus uncinatus** (P. Kram.) (nach P. Kramer).

gespalten, mit kurzer, gerader Spitze. Die beiden Haare sind ungefähr wie bei *B. lapidarius* (P. Kram.) befestigt. Palpen (Fig. 54) 900 μ lang, dünn und schlank; 5. Gl. zylindrisch; Gliedlängen: 2. 350 μ; 3. 70 μ; 4. 110 μ; 5. 300 μ; das 4. Glied ist also bedeutend länger als das 3.; das 2. hat wenige (?2) Haare; das 4. 4 distale; das 5. etwa 11 Haare; neben den beiden gliedlangen Endborsten stehen etwas mehr hinten 2 andere, sehr lange Haare (Fig. 55a). L. ca. 1400 μ.

Amerika: Feuerländischer Archipel (Insel Navarin, Puerto Toro), Südfeuerland, Uschnaia, ?California, Florida.

6. **B. (B.) symmetricus** (P. Kram.) 1898 *Bdella symmetrica*, P. Kramer in: Ergeb. Hamburg Magalh. Sammelr., *v.* 2 Acar. p. 14 f. 22.

---

[1]) Das letzterwähnte, eigentümliche, große Porenpaar bei den meisten *B.*-Arten hat die unrichtige Vorstellung von 6 Augen (nach P. Gervais und C. F. George: *B. hexophthalma*) veranlaßt. Die übrige Beschreibung ist leider so unvollständig, daß die Art: *Scirus hexophthalmus* Gerv. 1841, sich sonst nicht mit annähernder Sicherheit identifizieren läßt.

Körper hochgewölbt. Rostrum 500 μ lang; Maxillarboden 400 μ lang, ventral mit 5 Haarpaaren, proximal 110 μ, distal 30 μ breit. Jede Mandibel 400 μ lang, 80 μ breit; Schere 30 μ lang, ohne Zähne.

Palpen (Fig. 56) etwa 800 μ lang, dünn; 5. Glied schlank, zylindrisch. Gliedlängen: 2. Glied 340 μ; 3. 60 μ; 4. 60 μ; 5. 340 μ. Eine ausgesprochene Symmetrie zeigt sich darin, daß das 3. und 4. Glied, und das 5. und 2. gleich lang sind. Das 2. Glied hat 6—7 Haare; das 4. 3—4 (ein Haar proximal); das 5. etwa 9—10; die beiden Endborsten sind relativ kurz, nur $^2/_8$ der Gliedlänge.

Südamerika: Feuerländischer Archipel (Insel Navarin, Puerto Toro, Wald), Südfeuerland (Uschnaia, Land).

Fig. 56.
Linke Palpe von **Biscirus symmetricus** (P. Kram.) (nach P. Kramer).

7. **B. (B.) splendidus** (O. Stoll) 1887 *Bdella splendida*, O. Stoll in: Biol. Centr.-Amer., Arach.-Acar. p. 15 t. 3 f. 2—2c.

Körper hinten (d. h. Abdomen) schmal. Färbung rotbraun mit dunkleren Flecken und 3 helleren, rosafarbigen Querstreifen in ungleichen Abständen und mit einer helleren, longitudinalen Medianlinie (Fig. 57a). Rostrum lang und spitz. Mandibeln lang und relativ schmal, besonders am proximalen Ende; beweglicher

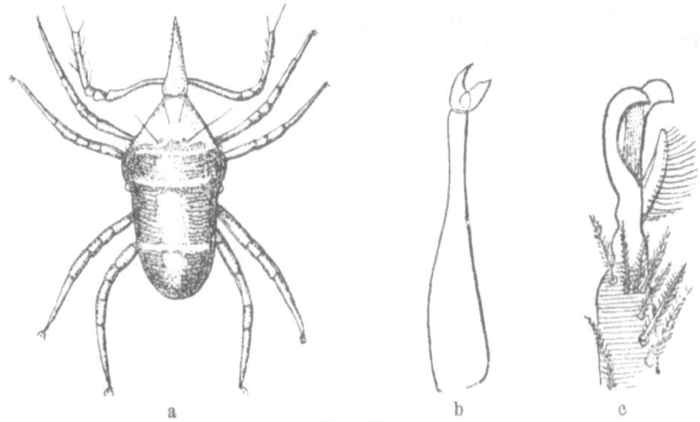

Fig. 57.
a) Körper dorsal, b) Mandibel, c) Endglied des Beines von **Biscirus splendidus** (O. Stoll) (nach O. Stoll).

Scherenarm kurz und schräg abgeschnitten (Fig. 57b); die Befestigung der Mandibelhaare nicht erwähnt. Die Palpen ähneln etwas den von *B. lapidarius*, 2. Glied jedoch sehr lang; 5. etwas kürzer, jedoch lang; wenige und kurze Palpenhaare, so auch die beiden Endborsten. Beine schlank, sparsam behaart; Krallen dick, ohne laterale Haare (Fig. 57c). Am Thorax nur 2 dorsale Haare abgebildet. Das Abdomen zeigt 2 longitudinale Reihen steifer Haare. L. 1250 μ; (Br. ?500 μ).

Wahrscheinlich sind in den Figuren einzelne Fehler vorhanden; so fehlen z. B. Mandibelhaare; die Fußkrallen sind distal zu dick und ohne laterale Haare; das hintere Augenpaar ist auf dem Abdomen angebracht, und die Grenze zwischen Thorax und Abdomen ist zu weit nach vorn gerückt; die genauere Charakteristik wird dadurch erschwert.

Nymphe und Larve nicht erwähnt.

Zentralamerika (Guatemala) in dürren, abgefallenen Blättern.

8. **B. (B.) anomalicornis** (Berl.) 1916 *Bdella a.*, Ant. Berlese in: Redia, v. 12 p. 130.

Rot, Abdomen dunkel gefärbt, fast glatt. Rostrum lang (420 μ). Palpen sehr lang, fast mit dem ganzen 5. Glied das Rostrum überragend. Besonders augenfällig ist die große Länge des 4. Gliedes, das fast 3 mal länger als das 3. ist und die Hälfte des 5. erreicht. Die Palpen zeigen folgende Gliedlängen: 2. 270 μ; 3. 40 μ; 4. 110 μ; 5. 220 μ. Breite der Glieder 30 μ. Die Haare des 5. Gliedes haben ungefähr dieselbe Länge, höchstens 220 μ. L. 1250 μ; Br. 730 μ. Südamerika (La Plata).

b. Subgen. **Odontoscirus** Sig Thor 1913 Subgen. *O.*, Sig Thor in: Zool. Anz., v. 42 p. 29 | 1929 Subgen. *O.*, Vitzthum in: Tierw. Mitteleur., v. 3 p. VII 58.

Typus: *Bdella virgulata* Can. & Fanz.

Mandibelschere mit mehreren Zähnen, namentlich am beweglichen Scherenarm. Distal am Thorax eine dickere, transversale Schildleiste.

9. **B. (O.) virgulatus** (Can. & Fanz.) 1876 *Bdella virgulata*, G. Canestrini & Fanzago in: Atti Soc. Veneto-Trent., v. 5 p. 107 | 1885 *B. v.*, G. Canestrini in: Atti Ist. Veneto, ser. 6 v. 3 p. 1674 t. 22 f. 2–2d | 1891 *B. v.*, Ant. Berlese, A. M. S., fasc. 59 nr. 7 | 1893 *B. v.*, Ant. Berlese, A. M. S., Prost. p. 42, 130 | 1902 *Scirus virgulatus*, Sig Thor in: Verh. Ges. Wien, v. 52 p. 160 | 1904 *S. v.*, Sig Thor in: Zool. Anz., v. 28 p. 75 | 1910 *Bdella virgulata*, Trägårdh in: Naturw. Unters. Sarekgebirg., v. 4 p. 479 | 1913 *Biscirus (Odontoscirus) virgulatus*, Sig Thor in: Zool. Anz., v. 42 p. 29 | 1922 *Scirus v.*, Schweizer in: Verh. Ges. Basel, v. 33 p. 78 | 1929 *Biscirus (Odontoscirus) v.*, Vitzthum in: Tierw. Mitteleur., v. 3 p. VII 58.

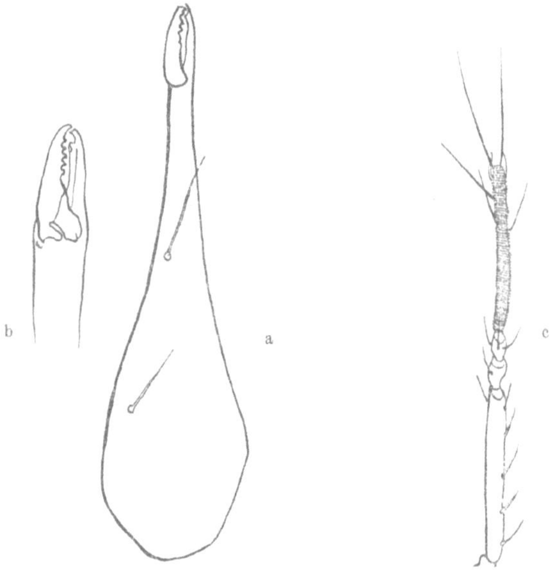

Fig. 58.
a) Mandibel, b) Schere, c) Palpe von **Biscirus (Odontoscirus) virgulatus** (Can. & Fanz.) (nach Ant. Berlese).

Färbung rot, mit verschiedenen Flecken und Querlinien, sonst ziemlich veränderlich; hinten am Abdomen ein großer, longitudinaler, kommaähnlicher, schwarzer Fleck. Körper oval, nach vorn von Thorax in Rostrum verlängert. Rostrum kräftig, von mittlerer Länge (300—420 μ). Mandibeln breit

(6—7 mal länger als breit), die beiden Haare einander genähert (gegenseitiger Abstand 75 μ); das distalo 180 μ hinter der Scherenspitze, das proximale 165 μ von der Mandibelbasis (Fig. 58a); beide Scherenarme gleich lang; der feste Arm nur mit 2 kleinen, distalen Zähnen, der bewegliche mit 4—5 Zähnen in der Mitte (Fig. 58b). An der Ventralseite des Rostrum stehen die gewöhnlichen 6 Haarpaare. Die Palpen (Fig. 58c) zeigen folgende Gliedlängen: 1. Glied 25 μ; 2. 300 μ; 3. 45 μ; 4. 38 μ; 5. 250 μ. Das 2. Glied hat 6 Haare, das 5. 6—9; die längste Endborste etwa 220 μ. Haut fein gestreift wie gewöhnlich bei Bdellidae. Nur ganz kleine Chitinverhärtungen, sonst keine eigentlichen subcutanen Schilder an der Dorsalseite des Thorax; am deutlichsten ist eine distale Querleiste ungefähr wie bei *Cyta* zu bemerken. Von den 4 Sinneshaaren sitzt das eine Paar ziemlich distal, das proximale Paar nicht weit von den Augen; daneben ein Paar gewöhnliche, kurze Haare. Die dorsalen Haare des Abdomens sind kürzer und sparsamer als bei vielen anderen Bdelliden. Die Beine sind ziemlich kurz und sparsam behaart. Jede Kralle hat am häufigsten 5 laterale, gebogene Härchen. (Nach Canestrini & Fanzago ist diese Art mit *Scirus longirostris* nahe verwandt). L. 1100—2000 μ (2000 μ mit Rostrum); Br. 470 μ.

Nymphen und Larven unbekannt.

Einzelne Exemplare hie und da in Europa, vom südl. Italien bis zum nördl. Norwegen gefunden.

Gewisse norwegische und schwedische Individuen weichen in kleinen Einzelheiten von den italienischen ab; sie dürfen durch eine Var. hinlänglich berücksichtigt werden.

9a. **B. (O.) v. tridentata** n. var.

Der bewegliche Scherenarm hat regelmäßig nur 3 Zähne (selten 2 oder 4). Das 5. Palpenglied hat gewöhnlich 9 Haare. Am Thorax 3 dorsale Haarpaare. Schwedische Exemplare haben kürzere Mandibeln. Länge wie bei der Hauptart.

Norwegen, nördl. Schweden.

Unsichere *Biscirus*-Arten (nach den Beschreibungen kaum identifizierbar).

B. peragilis (Berl.) 1923 *Molgus (Hoplomolgus) p.*, Ant. Berlese in: Redia, *v.* 15 p. 238.

Körper langeiförmig, mit kürzeren Haaren. Thorax mit einem dorsalen, trapezförmigen Schild in der Mitte (ohne „Tuberkel"). Rostrum sehr lang. Mandibeln lang und dünn, oben schwach eingekrümmt, von der Seite gesehen 5mal, von oben gesehen fast 8mal länger als breit, dorsal mit netzförmiger Haut; von den beiden Haaren ist das proximale ungefähr in der Mitte, das distale im vorderen Teile der Mandibel befestigt. Die Palpen sind merkwürdig lang und dünn, 2. Glied 3mal, 5. 4mal länger als breit. L. 2400 μ.

Ostafrika.

B. opimus (Berl.) 1923 *Molgus (Hoplomolgus) o.*, Ant. Berlese in: Redia, *v.* 15 p. 239.

Körper ziemlich dick, mit kurzen Haaren. Beine dünn. Mandibeln kurz und proximal sehr dick, von oben gesehen ungefähr 3mal länger als breit, dorsal mit glatter Haut. 5. Palpenglied mittellang, schwach keulenförmig erweitert, kaum 7mal länger als breit. L. 1300 μ.

Häufig in Südamerika (La Plata, „Buenos Aires", Montevideo).

B. melanostomus (Berl.) 1923 *Bdella melanostoma*, Ant. Berlese in: Redia, *v.* 15 p. 241.

Rot; die Spitze des Rostrum schwarz, ähnelt etwas *B. virgulatus* (Can. & Fanz.) Mandibeln (270 μ lang) etwa 4mal länger als breit. 4. Palpenglied kurz, nur halb so lang wie das 3., 2. (190 μ) 6mal länger als breit. Laterales Palpen-Endhaar sehr lang (240 μ). Beide Augen einer Seite einander stark genähert, fast zusammenstoßend.

Ostafrika.

7. Gen. **Molgus** (Duj.) Trt.

1745, *Acarus*, Linné, Öländska Resa, p. 96 | 1746 *A.*, Linné, Fauna Svec., ed. 1 p. 349 | 1758 *A.*, Linné, Syst. Nat., ed. 10 p. 618 | 1762 *A.*, Ström, Beskr. Söndmör, *v.* 1 p. 196 | 1772 *A.*, Olafsen & Povelsen, Reise Island, *v.* 1 p. 608 | 1775 *A.*, Hammer, Fauna Norveg., p. 157 | 1775 *A.*, J. C. Fabricius, Syst. Ent., p. 815 | 1776 *A.*, O. F. Müller, Zool. Dan. Prodr., p. 187 | 1780 *A.*, O. Fabricius, Fauna Groenl., p. 225 | ?1781 *A.*, J. C. Fabricius, Spec. Ins., *v.* 2 p. 492 | 1790 *A.*, J. F. Gmelin-Linné, Syst. Nat., ed. 13 *v.* 1 v p. 2930 | 1799 *A.*, J. Rathke in: Skr. Naturh.-Selsk., *v.* 5 I p. 199 | 1842 *Molgus* (nom. nud.), Dujardin in: Institut, *v.* 10 nr. 454 p. 316 | 1844 *M* (nom. nud.), P. Gervais in: Walckenaer & Gervais, Hist. Apt., *v.* 3 p. 158 | 1845 *M.* (? nom. nud.), Dujardin in: Ann. Sci. nat., ser. 3 *v.* 3 p. 8, 10, 19 | 1872 *Bdella*, Thorell in: Öfv. Ak. Förh., *v.* 28 p. 698 | 1875 *B.*, C. J. Neuman in: ibid., *v.* 32 p. 104 | 1877 *Molgus*, Andr. Murray, Econ. Ent. Apt., p. 143 | 1879 *Bdella*, L. Koch in: Svenska Ak. Handl., n. ser. *v.* 16 nr. 5 p. 132 | 1881 *B.*, P. Kramer in: Z. Naturw., *v.* 54 p. 440 | 1883 *B.*, P. Kramer & C. J. Neuman in: Vega-Exp., *v.* 3 p. 525 | 1884 *B.*, A. S. Packard in: Amer. Natural., *v.* 18 p. 828 f. | 1893 *B.*, Karpelles in: Math. naturw. Ber. Ungarn, *v.* 11 p. 105 | 1894 *Molgus*, Trouessart in: J. Anat. Physiol. Paris, *v.* 30 p. 117 | 1898 *Bdella*, A. C. Oudemans & F. Koenike in: Tijdschr. Ent., *v.* 40 p. 238 | 1900 *B.*, Trägårdh in: Bih. Svenska Ak., *v.* 26 nr. 7 p. 8 | 1902 *B.*, Trägårdh in: ibid., *v.* 27 nr. 9 p. 11 | 1902 *Molgus*, Sig Thor in: Verh. Ges. Wien, *v.* 52 p. 161 | 1904 *M.*, Sig Thor in: Zool. Anz., *v.* 28 p. 71, 77 | 1905 *Bdella*, Trägårdh in: Fauna arct., *v.* 4 p. 46 | 1912 *B.*, Trägårdh in: Danmarks Exp. Grønl., *v.* 3 nr. 14 p. 419 | 1913 *Molgus*, Sig Thor in: Zool. Anz., *v.* 42 p. 29 | 1923 *M.*, Ant. Berlese in: Redia, *v.* 15 p. 237 | 1928 *M.*, Trägårdh in: Rep. Results Exp. Novaya Zemlya, *v.* 2 nr. 40 p. 8 | 1929 *M.*, Vitzthum in: Tierw. Mitteleur., *v.* 3 p. VII 58 | 1930 *M.*, Sig Thor in: Skr. Svalbard Ishav., nr. 27 p. 95 | 1930 *M.*, Sig Thor in: Zool. Anz., *v.* 92 p. 17.

Die Gattung *M.* (nach Trouessart) unterscheidet sich sehr deutlich von allen anderen Bdelliden durch die mit mehreren Haaren versehenen Mandibeln (Fig. 61, 65); die Anzahl der Haare ist verschieden (4—23), am häufigsten 7—12. Die Palpen sind gewöhnlich lang, namentlich das 5. Glied, das mit vielen Borsten besetzt ist; häufig sind die Endborsten nicht länger als die übrigen, bisweilen sind 2 Endborsten etwas länger. Am Thorax findet man (wie bei *Biscirus*) vorn die feine, gebogene, transversale subcutane Chitinlinie (Fig. 60), die vielleicht die vordere Grenze einer äußerst dünnen Chitinplatte bildet; die Platte selbst ist kaum oder schwer sichtbar. Einzelne Arten (Subg. *Hoplomolgus* Berl.) haben ein deutlich umgrenztes breites Dorsalschild, andere (Subg. *Molgus* s. str.) zeigen kein Schild mit deutlichen Grenzen. Die dorsalen Haare am Thorax sind mit 3 Paaren vertreten, 1 Paar distale Sinneshaare und 1 Paar lange Sinneshaare zwischen den Augen (jedoch mehr median) und neben diesem 1 Paar gewöhnliche Haare (noch mehr median). Beine, Abdomen und ventrale Organe weisen keine augenfälligen Abweichungen vom Typus der Familie auf.

Typische Art: *Acarus littoralis* (L.)

2 Untergattungen, 8 sichere und 4 unsichere Arten.

Analytische Bestimmungstabelle der *Molgus*-Arten mit 2 Untergattungen:

1 a) Ein deutlich umgrenztes thorakales Dorsalschild vorhanden (a. Subgen. *Hoplomolgus* Berl.) — **2**

b) Ein deutlich umgrenztes thorakales Dorsalschild nicht beobachtet (b. Subg. *Molgus* s. str.) — **4**

2 a) 2. Palpenglied mit sehr wenigen (nur 1—2), 5. mit 13 Haaren; jede Mandibel mit je 9—10 Haaren — 3

b) 2. Palpenglied mit 6—7, 5. mit 11 Haaren; jede Mandibel mit 7—8 Haaren; Dorsalschild von mittlerer Größe, mit 1 Paar höckerartigen Erhöhungen („Tuberkel"); Körperlänge (ohne Rostrum) 1330 μ 1. **M. (H.) clypeatus**

3 a) Dorsalschild sehr groß, den ganzen Thoraxrücken einnehmend, mit 2 Paar „Tuberkel"; 5. Palpenglied 10 mal länger als breit; Körperlänge 1400 bis 1600 μ . . . . 2. **M. (H.) berlesei**

b) Dorsalschild sehr klein, quadratisch, ohne „Tuberkel"; 5. Palpenglied 7 mal länger als breit. Körperlänge 1800—2000 μ . . . 3. **M. (H.) obsoletus**

4 a) Jede Mandibel hat weniger als 14 Haare — 5

b) Jede Mandibel hat mehr als 14 Haare — 7

5 a) 4. Palpenglied viel länger als das 3.; jede Mandibel gewöhnlich mit je 10—12 Haaren — 6

b) 4. Palpenglied ungefähr von derselben Länge wie das 3.; 5. mit 11 Haaren; jede Mandibel gewöhnlich mit je 9 (7—9) Haaren . 4. **M. (M.) pallipes**

6 a) 5. Palpenglied mit 8—10 Haaren; 2 Endborsten länger als die übrigen Haare des Gliedes; jede Mandibel mit je 11 Haaren; Körperlänge etwa 1500—2000 μ . . . . 5. **M. (M.) capillatus**

b) 5. Palpenglied mit 20 Haaren (oder mehr); Endhaare nicht länger als die anderen Haare des Gliedes; 4. Glied mit 5—6 Haaren, davon ein medianes sehr lang. Küstenform besonders arktisch. Sehr groß, Körperlänge bis zu 3500 μ . . . . 6. **M. (M.) littoralis**

7 a) Jede Mandibel mit je 15—17 langen Haaren; dorsale Mandibelhaut glatt; Palpen dick, 2. Glied 7 mal, 5. 10 mal länger als breit; Körperlänge 1600 μ: 7. **M. (M.) thorianus**

b) Jede Mandibel mit je 20 (oder mehr) kurzen, dornähnlichen Haaren; dorsale Mandibelhaut netzähnlich *(reticulatum)*; lange dünne Palpen; 2. Glied 10 mal, 5. 12 mal länger als breit; Körperlänge etwa 1350 μ 8. **M. (M.) lacustris**

a) Subgen. **Hoplomolgus** Berl. 1923 Subgen. *H.*, Ant. Berlese in: Redia, *v.* 15 p. 237 | 1929 Subgen. *H.*, Vitzthum in: Tierw. Mitteleur., *v.* 3 p. VII 58.

Ein deutlich umgrenztes thorakales Dorsalschild vorhanden.

1. **M. (H.) clypeatus** Sig Thor 1930 *M. c.*, Sig Thor in: Zool. Anz., *v.* 92 p. 17 f. 1—5.

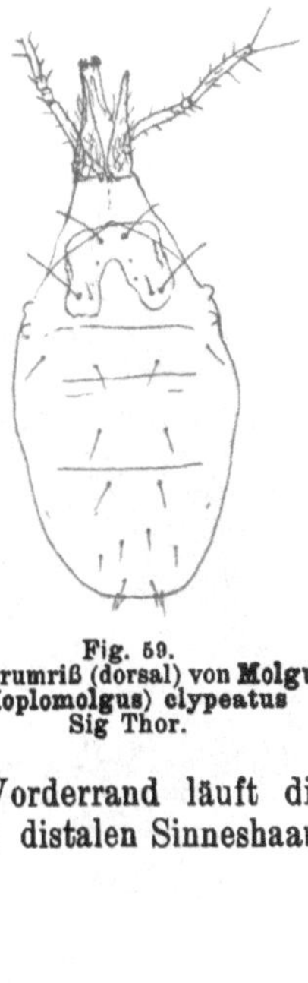

Fig. 59. Körperumriß (dorsal) von **Molgus (Hoplomolgus) clypeatus** Sig Thor.

Körper lang, birnenförmig oder annähernd kegelähnlich. Farbe rot mit dunkleren, bisweilen indigofarbigen Flecken. Die feinen Hautstreifen laufen in verschiedenen Richtungen. Außer der schwachen Furche zwischen Thorax und Abdomen, zeigt das Abdomen dorsal 2 oder 3 dorsale Querlinien, wodurch 3 oder 4 Segmente angedeutet werden (Fig. 59). Der Thorax hat 3 thorakale Haarpaare, davon 2 spezifische Sinneshaarpaare, und eine feine, gebogene Chitinlinie (Fig. 59, 60). Ein sehr deutliches Merkmal bietet das thorakale Dorsalschild, das in geeigneten Präparaten mit leicht beobachtbaren Grenzen hervortritt (Fig. 59 und 60). Die Länge des Schildes ist beim Weibchen 240 bis 300 μ, die Breite 330—390 μ. Es bedeckt ungefähr $^2/_3$ der Dorsalfläche des Thorax und besteht aus 2 breiten, longitudinalen Schildern, die vorn durch eine breite Brücke vereinigt sind. Am Vorderrand läuft die feine Chitinlinie schräg nach den Seiten, dicht vor dem distalen Sinneshaar-

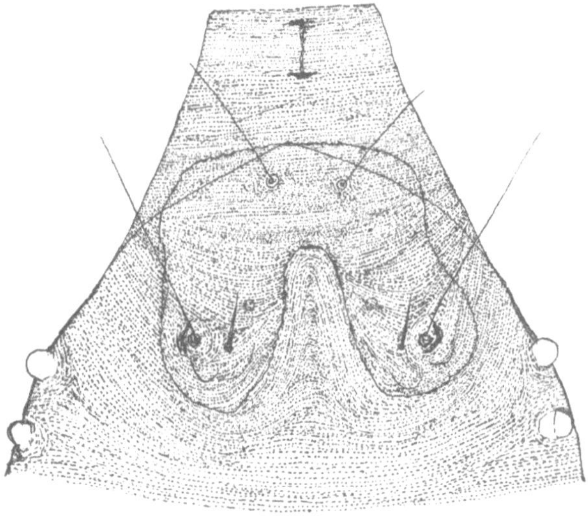

Fig. 60.
Thorax (dorsal) von **Molgus (Hoplomolgus) clypeatus** Sig Thor.

Fig. 61.
Rostrum (dorsal) von **Molgus (Hoplomolgus) clypeatus** Sig Thor.

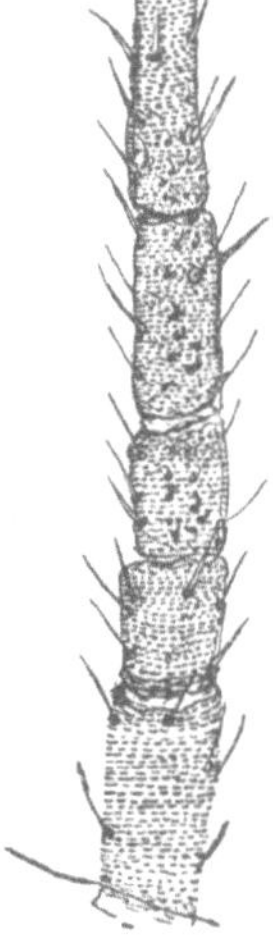

Fig. 62.
5 Glieder des 1. Beines (dorsal) von **Molgus (Hoplomolgus) clypeatus** Sig Thor.

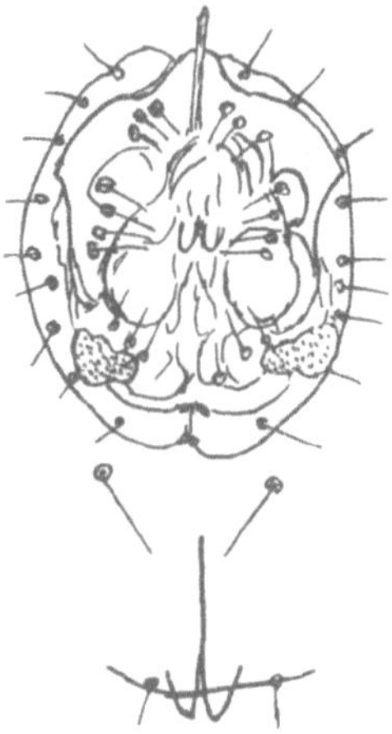

Fig. 63.
Männlicher Genitalapparat und Exkretionsporus von **Molgus (Hoplomolgus) clypeatus** Sig Thor.

paar, während das hintere Paar in den hinteren Flügeln steht, wo ein Paar chitinöse Erhebungen (von Berlese „Tuberkel“ genannt) vorkommen. Die feinen Hautstreifen laufen hauptsächlich transversal, hinten in der Einbiegung nach vorwärts gebogen (Fig. 60). Die Augen sind ziemlich weit voneinander getrennt. — Das Rostrum (Fig. 61) ist 400 μ lang, hinten ziemlich breit, ventral mit den gewöhnlichen 6 Haarpaaren. Jede Mandibel (Fig. 61) ist 360 μ lang und 85—90 μ breit, also nur 4 mal länger als breit und besitzt regelmäßig je 7 Haare (selten 6 oder 8); die dorsale Haut ist hinten stark netzförmig, vorn mit undeutlichen Längslinien versehen. Bei der kleinen, 36 μ langen Endschere ist der feste Arm kürzer (24 μ l.), in der Spitze gespalten, ohne Zähne; der bewegliche, schmale Scherenarm hat distal einen kleinen Zahn. Die Palpen (Fig. 61) sind normal und zeigen beispielsweise folgende Gliedlängen: 1. 24 μ; 2. 190 μ; 3. 36 μ; 4. 40 μ; 5. 240 μ. Die Anzahl der Haare ist: 2. Glied 6 (5) Haare; 3. 1; 4. 4; 5. 11, davon 2 längere Endborsten (140—160 μ). Das 5. Glied ist deutlich länger als das 2.; 3. und 4. sind ungefähr gleich lang. Die Beine haben etwa folgende Längen: 1. 680—770 μ; 2. 680—740 μ; 3. 760 μ; 4. 900—1120 μ, erreichen also nicht die Körperlänge. Sie zeigen wenigstens 4 Sorten Haare (Fig. 62). Jede Kralle besitzt lateral 4—5 gebogene Haare. Das Ambulacrum ist 3 gliedrig, wohlentwickelt. Die Haftsohle (Pulvillus) zwischen den Krallen ist fein und dicht behaart. Die ventralen Organe: Die Epimeren, die große (290 μ l.) Genitalöffnung mit 8 Haarpaaren und die Exkretionsöffnung zeigen üblichen Bau. Das Männchen ist schmaler und überhaupt kleiner, nur 910 μ lang und 420 μ breit, mit kleinerem thorakalen Dorsalschild (nur 170 μ lang und 200 μ breit), sonst wie beim Weibchen gebaut. Das innere (in Präparaten durchscheinende) Genitalorgan zeigt ein Paar kleine „Apparati spinulosi“, 2 Paar taschenförmige Säckchen (Samentaschen) und 8—10 steife Borstenpaare (Fig. 63).

L. des Weibchens 1330 μ (ohne Rostrum), mit Rostrum 1700 μ; Br. 650 bis 820 μ; L. des Männchens 910 μ, Br. 420 μ.

Nymphe und Larve unbekannt.

Bisher nur in Gebirgsgegenden von Norwegen (Sjusjön bei Lillehammer, 850 m und Dovre und bei Hiorthhamn, Svalbard) unter Holzstückchen gefunden.

2. M. (H.) berlesei (Tgdh.) 1891 *Bdella capillata* (non P. Kramer 1881), Ant. Berlese, A. M. S., fasc. 59 nr. 6 | 1902 *B. c.* P. Kram. var. *berlesei*, Trägårdh in: Bih. Svenska Ak., *v.* 27 nr. 9 p. 17 | 1923 *Molgus (Hoplomolgus) tuberculatus*, Ant. Berlese in: Redia, *v.* 15 p. 238.

Körperform wie bei anderen Arten der Gattung; dorsale abdominale Körperhaare kurz (Fig. 64). Zinnoberrot mit dunkelbraunen Flecken. Die Hautstreifen der Palpen und Beine zusammenhängend, nicht unterbrochen. Rostrum, Mandibeln und Palpen von mittlerer Länge. Mandibeln etwa 4 mal länger als breit, mit

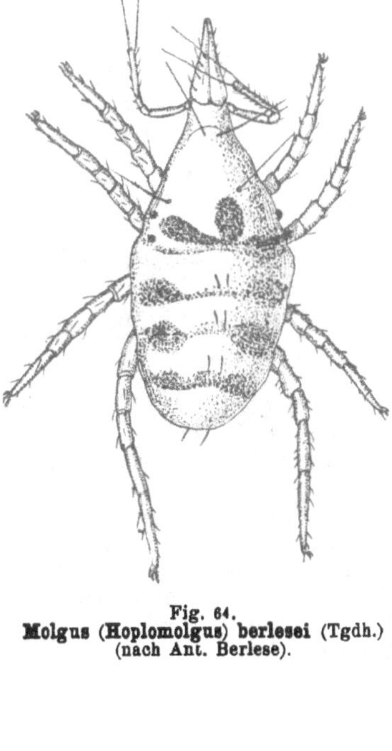

Fig. 64.
Molgus (Hoplomolgus) berlesei (Tgdh.)
(nach Ant. Berlese).

je 9 Haaren (Fig. 65); dorsale Mandibelhaut netzförmig gerunzelt; beide Scherenarme ohne Zähne, von fast gleicher Länge. 2. und 5. (Fig. 65) und 3. und 4. Palpenglied von gleicher Länge. 2. Glied mit äußerst wenigen (etwa 1—2) Haaren (vielleicht fehlen einzelne in Berlese's Figur); 5. Glied 10 mal länger als breit, mit 13 Haaren, die beiden Endborsten von der Länge des Gliedes. Das thorakale Dorsalschild ist sehr groß, den

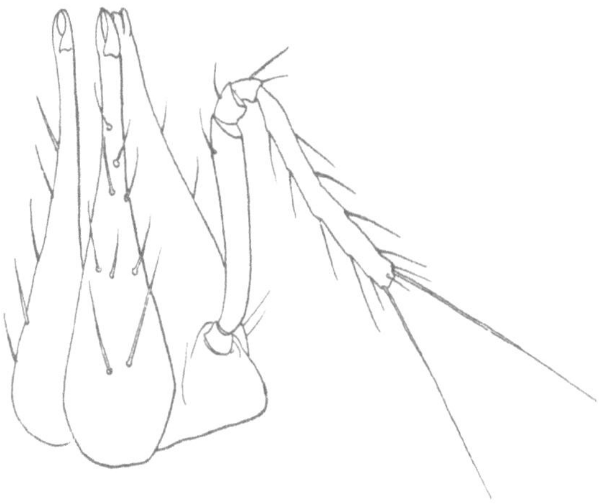

Fig. 65.
Rostrum von **Molgus (Hoplomolgus) berlesei** (Tgdh.) (nach Ant. Berlese).

Thorax fast ganz bedeckend, hinten tief longitudinal eingekerbt, mit 2 Paar chitinösen Erhebungen („Tuberkel"); (das Schild ist von Ant. Berlese, A. M. S., fasc. 59 nr. 6 nicht gezeichnet). Genauere Angaben fehlen. L. 1600 μ oder mehr.

Italien, an feuchten Orten, unter Steinen usw.

3. **M. (H.) obsoletus** Berl. 1923 *M. (H.) o.*, Ant. Berlese in: Redia, *v.* 15 p. 238.

Mit der vorigen Art übereinstimmend, das thorakale Dorsalschild aber viel kleiner, quadratisch (jedoch hinten eingekerbt), ohne chitinöse Erhebungen („Tuberkel"). Das 2. Palpenglied 7 mal länger als breit. L. 1800—2000 μ.

Deutschland und Norwegen (nach Ant. Berlese).

b) Subgen. **Molgus** (Berl.)

1923 *M.*, Ant. Berlese in: Redia, *v.* 15 p. 237.

Ein spezifisches Dorsalschild am Thorax nicht beobachtet oder undeutlich umgrenzt.

4. **M. (M.) pallipes** (L. Koch[1]) 1879 *Bdella p.*, L. Koch in: Svenska Ak. Handl., n. ser. *v.* 16 nr. 5 p. 131 t. 7 f. 4 | ? 1896 *B. hirta*, P. Kramer in: Zool. Anz., *v.* 19 p. 445, 447 | 1901 *B. basteri* ? Johnst. forma *pallipes*, Trägårdh in: Zool. Anz., *v.* 25 p. 61 | 1902

[1]) Diese Art ist häufig mit *M. capillatus* (P. Kram.) vereinigt worden, läßt sich aber besser als eigene Art auffassen, wenn man von den gröberen Fehlern in der Beschreibung und Figur von L. Koch absieht; so ist z. B. die Behaarung der Mandibeln, des Thorax und des Abdomens ganz falsch. Jedenfalls darf sie nicht als var. von *Bdella capillata* P. Kramer 1881 hingestellt werden, da *B. pallipes* L. Koch 1879 die Priorität besitzt.

B. capillata P. Kram. var. *pallipes*, Trägårdh in: Bih. Svenska Ak., *v.* 27 nr. 9 p. 16 | 1904 *Molgus capillatus*, Sig Thor in: Zool. Anz., *v.* 28 p. 77 | 1905 *Bdella capillata* P. Kram. var. *pallipes*, Trägårdh in: Fauna arct., *v.* 4 p. 47 | 1918 *B. pallipes*, J. E. Hull in: Tr. nat. Hist. Soc. Northumb., n. ser. *v.* 5 p. 41 | 1922 *B. p.*, J. E. Hull in: Ann. nat. Hist., ser. 9 *v.* 10 p. 622 | 1923 *B. p.*, Summerhayes & Elton in: J. Ecology, *v.* 11 p. 263 | 1927 *Molgus capillatus*, Sig Thor in: Annuaire Mus. Leningrad, *v.* 27 p. 139 | 1928 *M. c.* var. *pallipes*, Trägårdh in: Rep. Results Exp. Novaya Zemlya, *v.* 2 nr. 40 p. 8 | 1928 *Bdella pallipes*, Summerhayes & Elton in: J. Ecology, *v.* 16 p. 208, 250 | 1930 *Molgus capillatus*, Sig Thor in: Skr. Svalbard Ishav., nr. 27 p. 95.

Farbe hellbräunlichgelb und schwarzblau (im Leben rot) mit verschiedenen helleren Flecken und blaßgelben Palpen und Beinen (nach L. Koch). Im Leben wird die rote Färbung durch den dunklen Ventrikelinhalt fleckig; nach Fixieren in Alkohol wird der Inhalt häufig dunkelblau oder fast schwarz.

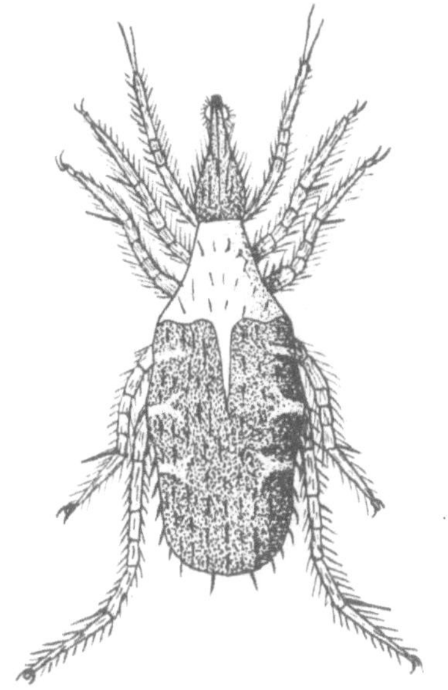

Fig. 66.
Molgus (Molgus) pallipes (L. Koch) (nach L. Koch).

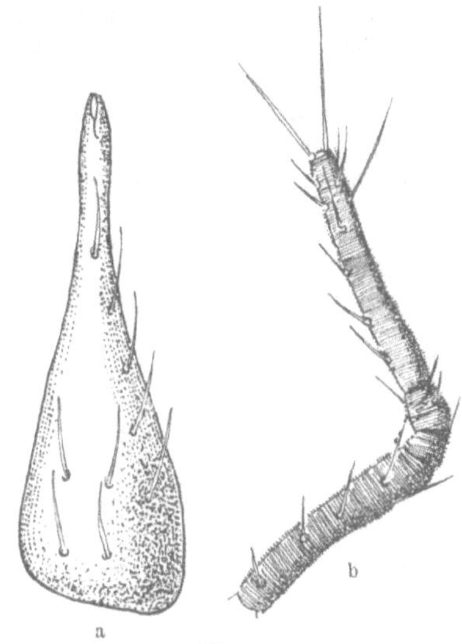

Fig. 67.
a) Mandibel, b) Palpe von **Molgus (Molgus) pallipes** (L. Koch) (nach Trägårdh).

Die Form ist gewöhnlich lang birnenförmig oder elliptisch (Fig. 66). Das Rostrum hat eine mittlere Länge von 410 µ und der Maxillarboden hinten eine Breite von 100 µ, mit den Mandibeln 160 µ. Breite einer Mandibel 80 µ, Länge 350 µ. Jede Mandibel besitzt gewöhnlich je 9 Haare, mit wenigen Variationen (Fig. 67 a). Die dünnen Palpen (Fig. 67 b) zeichnen sich besonders dadurch aus, daß das 3. und 4. Glied gleiche Länge (beispielsweise 36—40 µ) haben. Das 5. Glied (230 µ lang) ist zuweilen etwas länger als das 2. (185 µ). Der Haarbesatz der Glieder ist folgender: 2. Glied 5—6 Haare; 3. 1; 4. 4; 5. 11—12, davon 2 kurze Endborsten (140 µ lang). Dorsalschild nicht beobachtet. L. 1360—2000 µ.

M. p. ist namentlich in den nördlichen Gegenden Asiens und Europas (z. B. in Sibirien, Novaja Semlja, Schweden, Norwegen, Svalbard, England, Borkum) gesammelt worden. Die Art scheint neben *M. littoralis* (L.) eine der am häufigsten auftretenden *Molgus*-Arten zu sein.

5. **M. (M.) capillatus** (P. Kram.) 1881 *Bdella capillata*, P. Kramer in: Z. Naturw., *v.* 54 p. 446 t. 8 f. 12 | ? 1885 *B. c.*, G. Canestrini in: Atti Ist. Veneto, ser. 6 *v.* 3 p. 1676 t. 23 f. 3 | 1896 *B. c.*, A. D. Michael in: Tr. Linn. Soc. London, ser. 2 *v.* 6 p. 514 | 1896 *B. c*, P. Kramer in: Zool. Anz., *v.* 19 p. 447 | 1902 *B. c.*, Trägårdh in: Bih. Svenska Ak., *v.* 27 nr. 9 p. 17 | 1904 *Molgus capillatus*, Sig Thor in: Zool. Anz., *v.* 28 p. 77 | 1909 *M. c.*, Sig Thor in: Mém. Ac. St.-Pétersb., ser. 8 *v.* 18 nr. 14 p. 7 | 1915 *Bdella capillata*, J. N. Halbert in: P. Irish Ac., *v.* 31 p. 112 | 1918 *B. c.*, J. E. Hull in: Tr. nat. Hist. Soc. Northumb., n. ser. *v.* 5 p. 40 | 1922 *Molgus capillatus*, Schweizer in: Verh. Ges. Basel, *v.* 33 p. 79 | 1927 *M. c.*, Sig Thor in: Annuaire Mus. Leningrad, *v.* 27 p. 139 | 1929 *M. (Hoplomolgus) c.*, Vitzthum in: Tierw. Mitteleur., *v.* 3 p. VII 59 | 1931 *M. c.*, Sig Thor in: Skr. Svalbard Ishav., nr. 27 p. 95.

Steht *M. pallipes* (L. Koch) sehr nahe und ist nicht selten mit dieser Art verwechselt oder vermengt worden, ist aber durch gewisse Merkmale leicht zu unterscheiden. Jede Mandibel (etwa 300 bis 410 μ lang, 40 μ breit) hat je 11—13 Haare über die ganze Dorsalfläche verteilt (Fig. 68). Die Länge verhält sich (nach P. Kramer) zur größten Breite wie 37 : 8; das Verhältnis wechselt aber stark (beispielsweise 400 μ lang : 50 μ breit).

Fig. 68.
Mandibel von **Molgus (Molgus) capillatus** (P. Kram.) (nach P. Kramer).

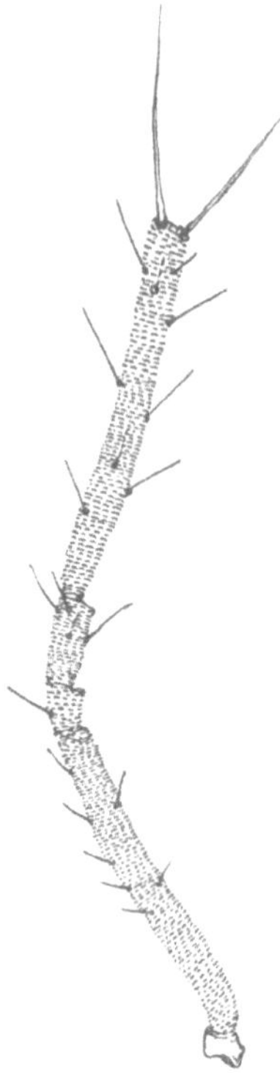

Fig. 69.
Linke Palpe (dorsal) von **Molgus (Molgus) capillatus** (P. Kram.) (nach Sig Thor).

Die dorsale Mandibelhaut ist wenig oder nicht retikuliert. Besonders augenfällig sind die Unterschiede der Palpen (Fig. 69); bei *M. pallipes* haben das 3. und 4. Palpenglied ungefähr dieselbe Länge, während bei *M. c.* das 4. Glied viel länger (häufig doppelt so lang) als das 3. ist. Das 5. Glied hat ungefähr dieselbe Länge wie das 2., ist bisweilen kürzer, hat zumeist 8—9, seltener 10—11 Haare; die beiden Endborsten sind nur wenig verlängert. Beispielsweise zeigen die Glieder folgende Anzahl Haare: 2. Glied 7; 3. 1; 4. 4; 5. 9—11, und folgende Längen: 1. 22 μ; 2. 315 μ; 3. 48 μ; 4. 85 μ; 5. 335 μ, Endborsten 155—195 μ lang. Die Körperhaare sind kurz, gewöhnlich aber länger als bei *M. pallipes*. Indessen gibt es mehrere Zwischenformen

(z. B. von Svalbard), wo das 4. Palpenglied nur wenig länger als das 3. ist. Einzelne Exemplare dieser Art sind von einzelligen Parasiten (*Molgosporidium ellipticum* Sig Thor) ganz erfüllt.

M. c. ist in einigen Ländern Europas (Deutschland, Schweiz, ? Italien, England, Irland, Norwegen, Svalbard) gefunden worden. Es ist wahrscheinlich, daß er auch in Nordamerika, Grönland, Island und anderen norwegischen Inseln der Nordsee vorkommt; jedoch fehlen hierüber Angaben.

6. **M. (M.) littoralis** (L.) 1745, *Acarus l.*, Linné, Öländska Resa, p. 96 | 1746, *A. l.*, Linné, Fauna Svec., ed. 1 p. 349 | 1758 *A. l.*, Linné, Syst. Nat., ed. 10 p. 618 | 1762 „Acarus petrarum ruber", Ström, Beskr. Söndmör, *v.* 1 p. 196 | ?1772 *„Acarus petrarum ruber"*, Olafsen & Povelsen, Reise Island, *v.* 1 p. 607 | 1775 ***A. littoralis***, Hammer, Forsøg Norsk Nat.-Hist., *v.* 1 p. 128 | 1775 *A. l.*, J. C. Fabricius, Syst. Ent., p. 815 | 1776 *A. l.*, O. F. Müller, Zool. Dan. Prodr., p. 187 | 1780 *A. l.*, O. Fabricius, Fauna Groenl., p. 225 | 1781 *A. l.*, J. C. Fabricius, Spec. Ins., *v.* 2 p. 493 | 1787 *A. l.*, J. C. Fabricius, Mant. Ins., *v.* 2 p. 374 | ?1836 *A. basteri*, G. Johnston in: Mag. nat. Hist., *v.* 9 p. 353 f. 51 a, b | ?1845 *A. longicornis*, G. Johnston in: Hist. Berwicksh. Club, *v.* 2 p. 227 | ?1852 *Bdella podurophila*, A. White in: Sutherland, J. Voy. Baffin's Bay, *v.* 2 App. p. 210 | 1872 *B. arctica*, Thorell in: Öfv. Ak. Förh., *v.* 28 p. 698 | ?1873 *B. marina*, A. S. Packard in: Rep. U. S. Fish. Comm., *v.* 1 p. 544 | 1875 *B. littoralis*, C. J. Neuman in: Öfv. Ak. Förh., *v.* 32 p. 104 | 1877 *Molgus longicornis*, Andr. Murray, Econ. Ent. Apt., p. 143 | 1879 *Bdella arctica* + *grandis*, L. Koch in: Svenska Ak. Handl., n. ser. *v.* 16 nr. 5 p. 131, 133 t. 7 f. 3, 7 | 1883 *B. villosa*, P. Kramer & C. J. Neuman in: Vega-Exp., *v.* 3 p. 525 t. 41 f. 2 | ?1884 *B. marina*, A. S. Packard in: Amer. Natural., *v.* 18 p. 828 f. 2 | ?1888 *Eupalus sanguineus*, Trouessart in: CR. Ac. Sci., *v.* 107 p. 753 | ?1894 *Molgus s.*, Trouessart in: J. Anat. Physiol. Paris, *v.* 30 p. 117 | 1896 *Bdella basteri*, A. D. Michael in: Tr. Linn. Soc. London, ser. 2 *v.* 6 p. 478 | 1897 *B. arctica*, P. Kramer in: Bibl. zool., fasc. 20 p. 79 f. 1a—b | 1898 *B. a.*, A. C. Oudemans & F. Koenike in: Tijdschr. Ent., *v.* 40 p. 238 | 1899 *B. villosa* + *frigida*, N. Banks in: Jordan, Fur Seals, pars 4 App. C. p. 348 t. A. f. 5 | 1900 *B. arctica*, Trägårdh in: Bih. Svenska Ak., *v.* 26 nr. 7 p. 9 | 1902 *B. littoralis* + *capillata* var. *pallipediformis*, Trägårdh in: ibid., *v.* 27 nr. 9 p. 5, 18, 20 | 1904 *Molgus littoralis*, Sig Thor in: Ann. Sci. nat., ser. 8 *v.* 19 p. 15 | 1904 *M. l.*, Sig Thor in: Zool. Anz., *v.* 28 p. 78 | 1905 *Bdella l.* + *groenlandica*, Trägårdh in: Fauna arct., *v.* 4 p. 46, 48 | 1913 *Molgus l.*, Sig Thor in: Zool. Anz., *v.* 42 p. 30 | 1918 *Bdella l.*, J. E. Hull in: Tr. nat. Hist. Soc. Northumb., n. ser. *v.* 5 p. 40 | 1923 *Molgus (Molgus) l.* var. *seurati*, Ant. Berlese in: Redia, *v.* 15 p. 237 | 1928 *Bdella l.*, A. C. Oudemans in: Arch. Naturg., *v.* 92 I p. 116 f. 16—44 | 1928 *Molgus l.*, Sig Thor in: Zool. Anz., *v.* 77 p. 216 | 1930 *M. l.*, Sig Thor in: Skr. Svalbard Ishav., nr. 27 p. 96—98.

Rot, mit schwächeren, dunklen Flecken. Keine deutliche Furche, nur ein schwacher Eindruck zwischen Thorax und Abdomen. Rostrum mit Mandibeln 600—700 μ lang; Maxillarboden (550 μ) kürzer als die Mandibeln, mit 5 langen, ventralen Haarpaaren; ein 6. Paar steht proximal, dorsal und lateral; größte Breite des Basalstückes 200 μ; sog. Lingua lang und stark. Mandibellänge ca. 500 bis 625 μ; Breite (an der Basis) 140 μ, also 4 mal länger als breit, mit 8—13, am häufigsten 9—11 relativ langen Haaren (Fig. 70); dorsale Haut mit schwachen Runzeln oder Falten. Schere etwa 73 μ, fester Arm abgestutzt, gespalten, beweglicher Arm länger mit einem winzigen, distalen Zahn. Palpen (Fig. 71) sehr lang, 2. Glied 400—460 μ; 3. 90 bis 96 μ; 4. 180 μ; 5. 350—450 μ; 4. Glied also 2 mal länger als das 3.; 5. annähernd von derselben Länge wie das 2., oder etwas kürzer. Die Zahl der Haare der Glieder sind etwa: 2. Glied 6—8 Haare, 3. 1; 4. 5—6;

Fig. 70. Mandibel von **Molgus (Molgus) littoralis** (L.) (nach Trägårdh).

5. 15—24. Keine Endborsten des 5. Gliedes zeichnen sich durch besondere Länge aus. Dagegen ist am 4. Glied ein medianes Haar dadurch bekannt, daß es das längste der ganzen Palpe ist. Der Thorax hat die bei *M.* gewöhnlichen 3 dorsalen Haarpaare (cfr. Fig. 60) und vor dem distalen Paar die feine gebogene, subcutane Chitinlinie. Der Verlauf der feinen unterbrochenen Hautstreifen ist wesentlich transversal, hinten median nach vorn gebuchtet. Die dorsalen Haare des Abdomens sind sehr lang, in üblicher Anzahl. Die Ventralseite und deren Organe bieten keine größeren Abweichungen von den verwandten Arten. Die Haare der äußeren Genitalklappen sind zahlreich (11, 14 oder 18 Paare). Eiergefüllte Weibchen sind häufig sehr groß. Sonst kommen Geschlechtsunterschiede äußerlich nicht oder wenig zum

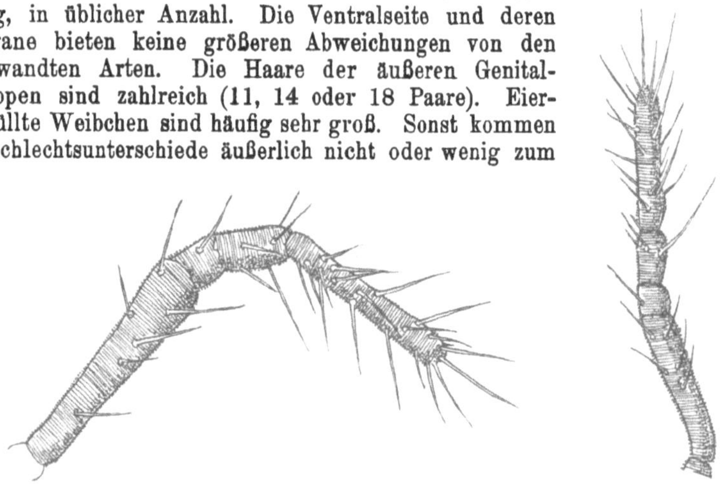

Fig. 71.
Palpe von **Molgus (Molgus) littoralis** (L.) (nach Trägårdh).

Ausdruck. In Präparaten scheinen innere Genitalorgane, z. B. die Apparati spinulosi und mehrere kurze Borsten mehr oder weniger deutlich durch. L. 1500—3500 μ; Br. 750—1250 μ; H. 650—1200 μ.

Nymphen kleiner, mit weniger Haaren und einfacherem Bau.

Larven noch kleiner, ohne Genitalnäpfe, mit weniger Haaren, sonst den Nymphen ähnlich.

Zwischen den vielen, unter verschiedenen Namen beschriebenen Individuen gibt es vielleicht mehrere Arten. Nach den kurzen und mangelhaften Beschreibungen und Abbildungen ist es zur Zeit noch nicht möglich diese mit Sicherheit zu unterscheiden und zu identifizieren.

Diese größte Bdellidenart lebt besonders circumpolar, in den arktischen und nördlichen, temperierten Gegenden, fast immer an den Meeresküsten (an Felsen, Steinen, Tang usw.), häufig in zahllosen Mengen. Sie scheint nur ganz vereinzelt an den Küsten des Mittelmeeres aufzutreten. Weiter südlich ist sie nicht festgestellt.

7. **M. (M.) thorianus** Berl. 1923 *M.* (*Hoplomolgus*) *t.*, Ant. Berlese in: Redia, *v.* 15 p. 239.

Mit *M. littoralis* (L.) verwandt. Dorsale Mandibelhaut ganz glatt, mit sehr vielen (14—18) langen, weichen Haaren. Palpen sehr dick und stark gebaut; 2. Glied 7mal, 5. 10mal länger als breit. Körper relativ schmal. L. 1600 μ.

Nur auf Corfu gefunden.

8. **M (M.) lacustris** (J. E. Hull) 1918 *Bdella l.*, J. E. Hull in: Tr. nat. Hist. Soc. Northumb., n. ser. *v.* 5 p. 40 t. 3 f. 80 | 1923 *Molgus (Hoplomolgus) sublimis*, Ant. Berlese in: Redia, *v.* 15 p. 238.

Mit den beiden vorhergehenden Arten nahe verwandt. Die dorsalen Haare des Abdomens sind ganz kurze und spitze Dornen. Mandibeln mit dicht retikulierter Haut und mit zahlreichen (20 oder mehr) kurzen, steifen Haaren. Palpen lang und dünn; 2. Glied 10 mal, 5. 12 mal länger als breit. L. 1350 μ.

Italien in hohen Gebirgen (4000 m); Nordengland an Ufern der Seen, im Gras, Schilf usw., auf Mooren und Wiesen.

Unsichere *Molgus*-Arten:

M. egregius (C. L. Koch) 1839 *Bdella egregia*, C. L. Koch, C. M. A., fasc. 23 nr. 11, 12 | 1842 *B. e.*, C. L. Koch, Übers. Arach., fasc. 3 p. 73 | ?1863 *B. e.*, Andersén in: Öfv. Ak. Förh., *v.* 20 p. 184 | ?1877 *B. e.*, G. Canestrini & Fanzago in: Atti Ist. Veneto, ser. 5 *v.* 4 p. 169 | 1885 *B. vulgaris*, G. Canestrini in: Atti Ist. Veneto, ser. 6 *v.* 3 p. 1671 | 1887 *B. v.*, Ant. Berlese, A. M. S., fasc. 45 nr. 7 | 1893 *B. v.*, Ant. Berlese, A. M. S., Prost. p. 43.

Da es nicht entscheidbar ist, ob die Verfasser, die *B. e.* zitieren, dieselbe oder verschiedene Arten meinen, wird es notwendig, hier ausschließlich die Figuren und Beschreibung von C. L. Koch zu berücksichtigen. Es zeigt sich dabei, daß wenigstens die Fig. (C. M. A., fasc. 23) 11 und 12 der Gattung *M.* und nicht *Bdella* angehören. Sowohl die Struktur der Palpen als die dorsale Färbung zeigen auf *M.* hin; Fig. 13 ist dagegen mehr zweifelhaft. Die feine, transversale Chitinlinie und vielleicht ein Schild am Thorax ist in Fig. 11 angedeutet. Dagegen liefert die Beschreibung nicht hinreichende Merkmale, um die Art von anderen verwandten sicher zu unterscheiden. So werden z. B. die Mandibeln nicht beschrieben. Körperform wie bei anderen Arten. Scharlachrot mit mehreren schwarzen Flecken. Rostrum lang und schmal. Palpen lang und dünn mit langen Endborsten; 2. Glied an der medianen Seite mit mehreren Haaren; das 5. scheint etwa $^3/_4$ der Länge des 2. zu haben. Beine dunkel, am Grunde heller. Schnabelspitze weiß. Nach Koch gibt es viele Abarten; so hält er die in Fig. 13 abgebildete Form für eine weibliche Abart, während sie vielmehr eine andere (*Bdella*-)Art repräsentiert. L. vielleicht 900 μ.

Mitteleuropa (Regensburg) auf feuchten Waldwiesen; ? Frankreich, ? Italien, ?? Schweden.

M. e. var. **longitarsa** (Karsch) 1881 *Bdella l.* forma *egregiae* C. L. Koch, F. Karsch in: Berlin. ent. Z., *v.* 25 p. 37.

Diese Form zeichnet sich durch ihre Größe aus, wodurch sie sich *M. littoralis* (L.) nähert. Bleich gelb, mit mehreren dunklen Flecken. Rostrum sehr lang, Beine lang, dicht behaart; Palpen lang; 5. Glied sehr lang, nicht kürzer als das 2.; schwach abgestumpft, mit 2 langen Haaren. L. 2000—2300 μ; Br. 1200 μ.

Japan.

?**M. calandroides** (Andr. Murr.) ? 1878 *Bdella c.*, Andr. Murray (nom. nud.) in: Nares, Voy. Polar Sea, *v.* 2 p. ... nach 1905 Trägårdh in: Fauna arct., *v.* 4 p. 9, Fußnote.

Nordamerika (Polargebiet).

?**M. longipalpis** (Karp.) 1893 *Bdella l.*, Karpelles in: Math. naturw. Ber. Ungarn, *v.* 11 p. 106 t. 15 f. 5 und in: Math. termész. Közlem, *v.* 25 nr. 3 p. 27.

Wenn die Beschreibung korrekt ist, gehört diese Art zu *M.*; indessen ruft die Figur (t. 15 f. 5) Zweifel hervor, ob Karpelles 5 Haarpaare des Maxillarbodens mit Mandibelhaaren verwechselt hat (cfr. Fig. 72). Jede dicke Mandibel hat 5 Haare und ist $2^1/_2$ mal länger als breit, ähnelt etwas der

Fig. 72.
Molgus (Molgus) longipalpis (Karp.) (nach Karpelles).

von *M. capillatus* (P. Kram.). Die ungemein langgestreckten Palpen ähneln den von *Scirus longirostris* Herm.; das Verhältnis der Glieder ist wie 8 : 1 : 2 : 9; das 2. Glied hat 6 Haare; das 4. 3; das 5. 8. Das Abdomen besitzt Schulterborsten und in der dorsalen Reihe 4 dicke, kurze Haare. Die Eier sind zylindrisch, rotbraun gefärbt.

Ungarn (Berg Pop-Iván, Máramos).

?**M. maculatus** (Karp.) 1893 *Bdella maculata*, Karpelles in: Math. termész. Közlem., *v.* 25 nr. 3 p. 26, und in: Math. naturw. Ber. Ungarn, *v.* 11 p. 105.

Jede Mandibel hat je 4 Haare und ist 4 mal länger als breit. Das Längenverhältnis der vier Palpenglieder ist 5 : 1 : 1 : 7. Das 2. Glied hat 10 kleine Haare, das 3. 0, das 4. 1 und das 5. 9 Haare. Schulterborsten fehlen. Am Abdomen dorsal ein langer, intensiv schwarzer Streifen, sonst braun; 4 dornförmige Haare am Hinterrande. Wenn die Angabe über die Mandibelhaare nicht korrekt ist, stehen diese und die vorige Art *Scirus longirostris* Herm. am nächsten.

Ungarn (Mojád, Szilágy).

?**M. maculatus** var. **pilosa** (Karp.) 1893 *Bdella maculata* var. *p.*, Karpelles in: Math. termész. Közlem., *v.* 25 nr. 3 p. 28 und in: Math. naturw. Ber. Ungarn, *v.* 11 p. 107.

Das 3. Palpenglied hat 4 Haare; die beiden proximalen Palpenglieder, die Beine und der hintere Teil des Abdomens besitzen mehr Haare als die Hauptart.

Ungarn (Kecskemét) im Flugsande unter Pflanzenresten.

Bemerkungen über gewisse Gattungen und Arten, die früher unter den Bdelliden aufgeführt wurden.

In älteren Zeiten war die Familie der *Bdellidae* weniger scharf umgrenzt und wurde von mehreren Autoren sehr verschieden aufgefaßt, weshalb einzelne Gattungen, die jetzt anderen Familien zugerechnet werden, unter den Bdelliden aufgeführt wurden, ebenso wie mehrere Arten in anderen Gattungen figurieren.

Die wichtigsten dieser Gattungen werden hier kurz erwähnt:

1. *Cheyletus* P. A. Latreille 1796 gehört jetzt zur Fam. *Cheyletidae* W. Leach 1814.
2. *Cryptognathus* P. Kramer 1879 gehört jetzt zur Fam. *Cryptognathidae* A. C. Oudemans 1902.
3. *Linopodes* C. L. Koch 1835 gehört jetzt zur Fam. *Eupodidae* C. L. Koch 1842.
4. *Eupodes* C. L. Koch 1835 gehört jetzt zur Fam. „ „ „
5. *Penthaleus* C. L. Koch 1835 gehört jetzt zur Fam. „ „ „
6. *Penthalodes* Andr. Murray 1877 gehört jetzt zur Fam. „ „ „
7. *Pronematus* G. Canestrini 1885 gehört jetzt zur Fam. „ „ „
8. *Tydeus* C. L. Koch 1836 gehört jetzt zur Fam. *Tyd(e)idae* P. Kramer 1877.
9. *Halotydeus* Ant. Berlese 1891 gehört jetzt zur Fam. „ „ „
10. *Ereynetes* Ant. Berlese 1883 gehört jetzt zur Fam. „ „ „
11. *Rhagidia* Thorell 1872 (= *Scyphius* C. L. Koch = *Poecilophysis* P. O. Cambridge = *Nörneria* G. Canestrini) gehört jetzt zur Fam. *Rhagidiidae* A. C. Oudemans 1922.
12. *Alycus* C. L. Koch 1842 gehört jetzt zur Fam. *Alycidae* G. Canestrini 1891.
13. *Nanorchestes* Topsent & Trouessart 1890 gehört jetzt zur Fam. *Alycidae* G. Canestrini 1891.
14. *Bimichaelia* Sig Thor 1902 gehört jetzt zur Fam. „ „ „
15. *Cunaxa* C. Heyden 1826 gehört jetzt zur Fam. *Cunaxidae* Sig Thor 1902.
16. *Scirus* Ant. Berlese u. a. (pro *Cunaxa* Heyden) gehört jetzt zur Fam. *Cunaxidae* Sig Thor 1902.
17. *Scirula* Ant. Berlese 1887 gehört jetzt zur Fam. „ „ „
18. *Eupalus* C. L. Koch 1838 gehört jetzt zur Fam. „ „ „
19. *Pseudocheylus* Ant. Berlese 1888 gehört jetzt zur Fam. *Pseudocheylidae* Ant. Berlese 1910.

Mehrere Arten sind bisweilen früher zu den Bdelliden hinzugerechnet, unter welchen sie jetzt nicht mehr verbleiben können; nur häufige oder sehr bekannte Beispiele werden hier zitiert und in eine andere Gattung hineingestellt.

1844 *Bdella elaphus*, P. Gervais in: Walckenaer (& Gervais), Hist. Apt., *v.* 3 p. 158 = *Cunaxa setirostris* (Herm.) 1804 | 1844 *Bdella sagax*, P. Gervais in: ibid., *v.* 3 p. 156 = *Cunaxa setirostris* (Herm.) 1804 | 1844 *Bdella setirostris*, P. Gervais in: ibid., *v.* 3 p. 157 = *Cunaxa setirostris* (Herm.) 1804 | 1834 *Scirus setirostris*, Ant. Dugès in: Ann. Sci. nat., ser. 2 *v.* 1 p. 21; *v.* 2 p. 42 = *Cunaxa setirostris* (Herm.) 1804 | 1834 *Scirus elaphus*, Ant. Dugès in: ibid., ser. 2 *v.* 1 p. 21; *v.* 2 p. 43 = *Cunaxa* sp. | 1834 *Scirus tenuirostris*, Ant. Dugès in: ibid., ser. 2 *v.* 2 p. 43 = *Cunaxa* sp. | 1835 *Scirus sagax*, C. L. Koch, C. M. A., fasc. 1 nr. 22 = *Cunaxa sagax* (Koch) | 1838 *Scirus stabulicola*, C. L. Koch, C. M. A., fasc. 20 nr. 23 = *Cunaxa* sp. | 1838 *Scirus paludicola*, C. L. Koch, C. M. A., fasc. 20 nr. 24 = *Cunaxa* sp. | 1881 *Scirus taurus*, P. Kramer in: Z. Naturw., *v.* 54 p. 433 = *Cunaxa taurus* (Kram.) | 1888 *Scirus curtipalpis*, Ant. Berlese in: Bull. Soc. ent. Ital., *v.* 20 p. 173 = *Cunaxa curtipalpis* (Berl.) | 1890 *Scirus capreolus*, Ant. Berlese, A. M. S., fasc. 57 nr. 9 = *Cunaxa capreolus* (Berl.) | 1894 *Scirus quadripilis*, N. Banks in: Tr. Amer. ent. Soc., *v.* 21 p. 220 = *Cunaxa* sp. | 1904 *Scirus inermis*, Trägårdh in: Results Swed. Exp. Egypt, nr. 20 p. 5 = *Cunaxa inermis* (Trägårdh) | 1913 *Scirus laricis*, H. E. Ewing in: Bull. Amer. Mus., *v.* 32 p. 113 = *Cunaxa* sp.

2. Fam. **Nicoletiellidae**

1776 *Acarus*, Schrank, Beytr. Naturg., p. 125 t. 6 f. 8 | 1781 *A*, Schrank, Enum. Ins. Austr., p. 520 | 1790 *A*., J. F. Gmelin-Linné, Syst. Nat., ed. 13 *v.* 1 v p. 2933 | 1826 *Panoplia* (non Jac. Hübner 1816), C. Heyden in: Isis, p. 608 | 1838 *Caligonus*, C. L. Koch, C. M. A., fasc. 20 nr. 20 | 1842 *Raphignatus*, C. L. Koch, Übers. Arach., *v.* 3 p. 57 | 1877 *Nicoletia* (non P. Gervais 1842), G. Canestrini & Fanzago in: Atti Ist. Veneto, ser. 5 *v.* 4 p. 120 | 1879 *Labidostomma*, P. Kramer in: Arch. Naturg., *v.* 45 I p. 13 | 1880 *Labidostoma* + *Nicoletiella*, A. D. Michael in: J. Quekett Club, *v.* 6 p. 107 | 1881 *Poecilophysidae*, O. P. Cambridge in: Zool. Rec., *v.* 17 Arach. p. 28 | 1882 *Nicoletiella*, R. Canestrini in: Bull. Soc. Veneto-Trent., *v.* 2 p. 65 | 1882 *Labidostoma*, G. Haller in: Jahresh. Ver. Württemb., *v.* 38 p. 308 | 1885 *Panopliidae*, Ant. Berlese in: Bull. Soc. ent. Ital., *v.* 17 p. 128 | 1891 *Nicoletiellidae*, G. Canestrini in: Atti Ist. Veneto, ser. 7 *v.* 2 p. 721 | 1891 & 93 *N*., O. Stoll in: Biol. Centr.-Amer., Arach.-Acar. p. IX, p. 27 | 1892 *Nicoletiellinae*, Trouessart in: Rev. Sci. nat. Ouest, *v.* 2 p. 46 | 1902 *Nicoletiellidae*, A. C. Oudemans in: Tijdschr. Ent., *v.* 45 Versl. p. 56, 57, 62 | 1904 *Labidostomidae*, A. C. Oudemans in: ibid., *v.* 46 p. 130 | 1904 *Nicoletiellidae*, Trägårdh in: Zool. Anz., *v.* 27 p. 565 f. 1–4 | 1906 *Labidostomidae*, A. C. Oudemans in: ibid., *v.* 29 p. 633 | 1911 *L*., Ant. Berlese in: Redia, *v.* 7 p. 430 | 1913 *Caeculidae*, H. E. Ewing in: J. Ent. Zool., *v.* 5 p. 127 | 1915 *Labidostommatidae*, J. N. Halbert in: P. Irish Ac., *v.* 31 p. 94 | 1922 *Labidostomidae*, M. Sellnick in: Ent. Mt., *v.* 11 p. 55 | 1922 *Labidostommidae*, A. C. Oudemans in: Ent. Ber. Nederl. Ver., *v.* 6 p. 82 | 1923 *L*., A. C. Oudemans in: Tijdschr. Ent., *v.* 66 p. 73 | 1929 *Labidostomatidae*, Sig Thor in: N. Mag. Naturv., *v.* 67 p. 185 t. 7 | 1929 *Labidostommidae*, Vitzthum in: Tierw. Mitteleur., *v.* 3 p. VII 15.

Die Nicoletiellidae (häufiger Labidostommidae benannt) sind freilebende, gepanzerte, gelbliche Milben von ovaler oder eiförmiger Körpergestalt, hinten breiter abgerundet, vorn schmaler, mehr zugespitzt. Sig Thor rechnet sie zu den Prostigmata.

Das Rostrum ist breit, kurz und deutlich vom übrigen Körper abgesetzt. Ventral sind die breiten, kurzen Maxillen ganz verwachsen, besitzen distal 2 Haarpaare, 2 verlängerte Chitinspitzen und (halb lateral) 1 Paar viergliedrige, sehr einfache Palpen mit wenigen langen Haaren. Besonders mächtig sind die beiden scherentragenden, gepanzerten Mandibeln, die frei hervorragen und dorsal das ganze Rostrum bilden. Jede Mandibel hat je 2 dorsale Haare, das eine distal, das andere in einem größeren Zapfen (Höcker) sitzend.

Der Thorax besteht aus 3, bisweilen undeutlich voneinander getrennten Teilen mit 2 Paar dorsalen, feinen Sinneshaaren in größeren Poren, 2 Paar anderen Haaren und hinten 1 Paar lateralen Augen, je mit einem Schutzhaar. Am vorderen thorakalen Rande besitzen die meisten ein medianes, unpaares, augenähnliches Organ. Hinten ist der Metathorax gewöhnlich ohne deutliche Trennungsfurche mit dem Abdomen verwachsen; beide werden von einem gemeinsamen, ganz oder teilweise schön gefelderten, ventral umgebogenen Rückenpanzer bedeckt. Der ebenfalls starke Bauchpanzer wird durch weichere Haut vom Rückenpanzer abgetrennt und ist bei der Imago von regelmäßig gefeldertem, härteren Chitin gebildet, während der Rückenpanzer z. T. von fensterähnlichen, etwas weicheren, punktierten oder fein liniierten Partien unterbrochen wird. Dorsal finden sich einzelne (etwa 20) regelmäßige, längere Haare, ventral eine Menge feiner Härchen. Die vordere Hälfte der Ventralseite nehmen die 4 dicht aneinander stoßenden Epimerenpaare ein, woran sich die 8 kurzen, 6gliedrigen, einfachen, fein behaarten Beine gliedern. Hinten liegen die großen Genital- und Exkretions- („Anal-") Öffnungen, je von 2 großen eckigen oder annähernd halbmondförmigen, stark chitinisierten Klappen bedeckt, darunter, neben der Genitalspalte 2 Paar schmale, längliche, innere Genitalnäpfe. Bei den Weibchen sind die beiden (Genital- und Exkretions-) Felder zu einem Ring vereinigt, bei den Männchen voneinander getrennt.

Besondere Erwähnung verdient ein laterales, höckerähnliches, am Vorderrande des Abdomens, dicht hinter dem Augenpaar, zwischen dem 2. und 3. Beinpaar sitzendes, augen- oder drüsenähnliches Organ, dessen Funktion bis jetzt unbekannt geblieben ist. Die Beine sind kurz, gepanzert, einfach und schwach behaart, das 1. Paar 2krallig, die anderen 3krallig.

Die Nymphen sind kleiner, weichhäutiger, jedoch mit mehreren polygonal fein gefelderten Partien. Beine und Rostrum (Maxillarorgan) wie bei den Erwachsenen, jedoch einfacher, kleiner und besonders schwächer chitinisiert. Genitalfeld (mit 2 Paar inneren, provisorischen Näpfen) vom Exkretions- (Anal-) Feld weit getrennt; beide mit weichen, halbmondförmigen Klappen. An der Stelle der beiden lateralen Höcker befindet sich ein in einem starken Plattenpaar eingekapseltes Porenpaar. Diese Tierchen sind eierlegend. Die Larven sind noch unbekannt. Sie leben räuberisch an der Erde, in Moos, Gras oder Blättern, unter Steinen usw. nicht zahlreich, aber auch nicht selten, ziemlich weit über die Erde verbreitet. Nur wenige Arten sind bis jetzt gefunden.

Körperumriß eiförmig, vorn schmaler und zugespitzt, nach hinten allmählich eiförmig abgerundet (Fig. 75); Haut panzerähnlich, bisweilen eintönig dickpanzerig, polygonal gefeldert, bisweilen (besonders dorsal) mit mehreren kleineren oder größeren, fensterähnlichen, regelmäßigen Partien. Jedes kleine, polygonale Feld ist ringsum von feinen Strahlen (Fig. 73) umgeben. Dorsal ist der Thorax durch 2 transversale Chitinstreifen in 3 Teile (Pro-, Meso- und Metathorax) zerlegt. Der Prothorax hat häufig vorn ein unpaares Medianauge (augenähnliches Organ), das auch fehlen kann, und (bei *Nicoletiella* und *Eunicolina*) ein Paar laterale Chitinzapfen oder Hörner (*Cornua*); andere (*Labidostomma*) lassen diesen Schmuck vermissen. Der Mesothorax besitzt vorn (lateral) ein Paar längere, feine gewöhnliche Haare und mehr median ein Paar fein behaarte, spezifische Sinneshaare (Pseudostigmalorgane) in größeren, radiär gestreiften Poren. Der mit dem Abdomen verwachsene Metathorax hat am Vorderrande 1 Paar gewöhnliche feine, lange Haare, weiter hinten 1 Paar spezifische Sinneshaare in größeren Poren, (daneben häufig ein Paar dreieckige „Fenster"), und am Hinterrande, ganz lateral ein Paar Augen mit je einem starken Schutzhaar (Fig. 74). Dicht hinter den Augen sitzen am Abdomen der meisten Arten ein Paar größere, laterale Höcker, die gewöhnlich auswendig von je einer halbkugelförmigen Membran bedeckt sind, während im Inneren je ein aus vielen Stäbchen zusammengesetzter Höcker hervorragt (Fig. 74). Eine sichere Deutung der physiologischen Funktion dieses Organs

Fig. 73. Struktur der polygonalen Felder von **Labidostomma luteum P. Kram.** (nach P. Kramer).

liegt nicht vor (vgl. Nymphe). Das Abdomen zeigt mehr median 5 Paar längere Haare und eine Randreihe von 5—6 Paaren. Sonst befinden sich dorsal äußerst selten einzelne kürzere Haare, ventral dagegen eine große Anzahl. Der dorsale Panzer biegt sich über den ventralen nach unten um. Mehr als die vordere Hälfte der Ventralseite wird von den dicht aneinander stoßenden 4 Epimerenpaaren bedeckt (Fig. 75), und hinten nehmen die beiden Genitalplatten und die beiden Platten des Exkretionsorgans („Analplatten") einen großen Platz ein, beim Weibchen sind sie vereinigt (Fig. 76 ♀), beim Männchen und Nymphen getrennt (Fig. 76 ♂).

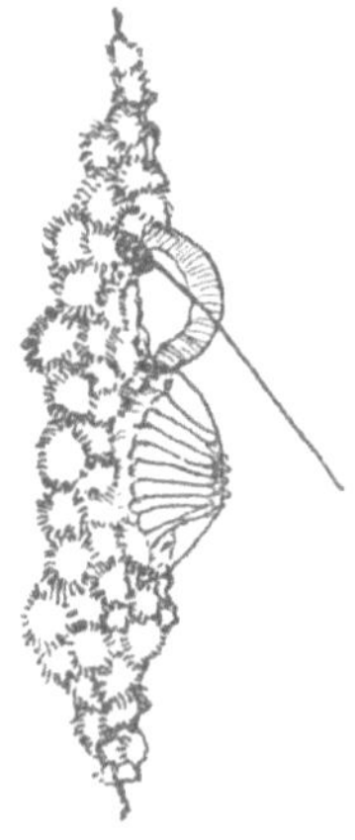

Fig. 74.
Seitenhöcker und Seitenauge von **Nicoletiella denticulata** (Schrank) (nach Sig Thor).

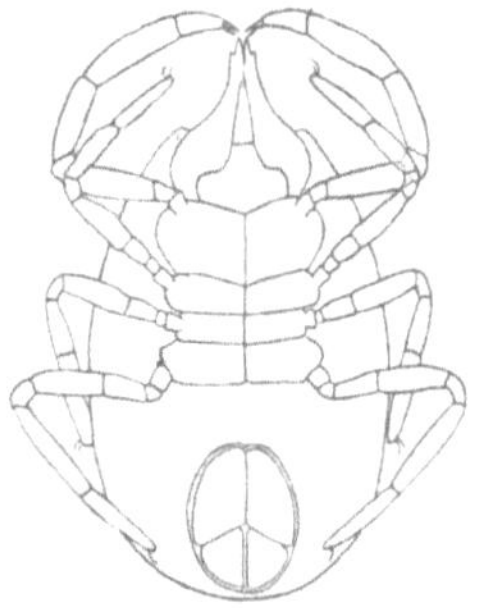

Fig. 75.
Ventralseite von **Labidostomma luteum** P. Kram. (nach P. Kramer).

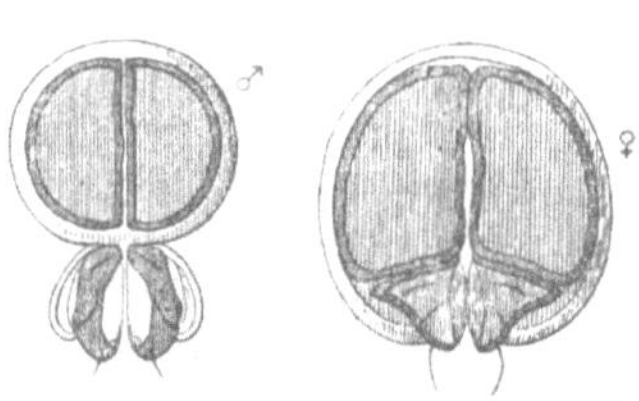

Fig. 76.
Männliche und weibliche Genital- und Exkretionsöffnungen von **Nicoletiella denticulata** (Schrank) (nach G. & R. Canestrini).

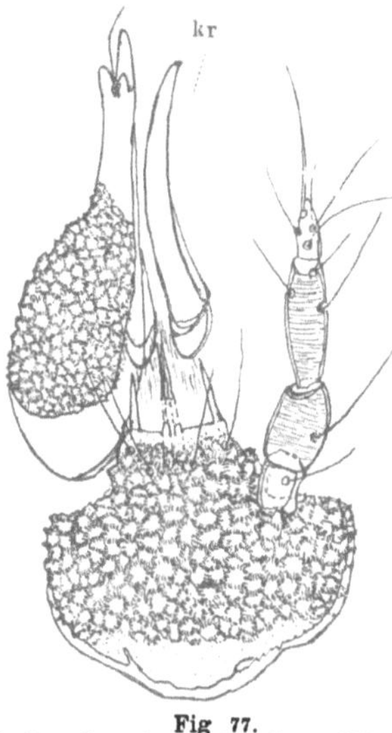

Fig. 77.
Maxillarplatte (ventral), Palpe und Mandibel von **Nicoletiella denticulata** (Schrank) (nach Sig Thor).

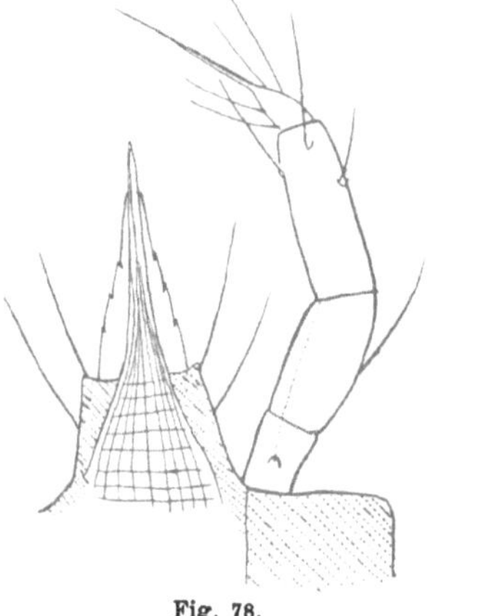

Fig. 78.
Maxillarorgan (ventral) von **Labidostomma luteum** P. Kram. (nach P. Kramer).

Sehr charakteristisch ist das Maxillarorgan (Rostrum) gebaut. Ventral ist die von Labium und Maxille innig verwachsene, stark gepanzerte Basalplatte (Fig. 77, 78) sehr breit und kurz, läuft vorn in eine mediane Verlängerung mit 2 lateralen, langen Dornen und einer mittleren „Lingua“ aus; an dieser Verlängerung stehen ventral 2 Paar lange Haare. Die beiden einfachen, wenig behaarten Palpen sind nicht lateral, sondern dicht neben der medianen Verlängerung eingegliedert. Das 1. Palpenglied hat 1 Haar, das 2. 1, das 3. 3 und das 4. zugespitzte Glied 5 Haare. Alle Haare sind lang (Fig. 77). Im Gegensatz zu den kleinen Palpen treten die mächtigen 2gliedrigen, scherenbildenden Mandibeln (besonders dorsal) stark hervor. Nicht nur die ventrale, mit mehreren feinen Zähnen versehene Kralle (kr.), sondern auch das dicke und breite Grundglied ist stark gebogen und distal in 3 höckerähnliche Zapfen gespalten (Fig. 77, 79); hier sitzt das distale Mandibelhaar dorsal befestigt. Das Basalglied ist lateral stark erweitert, hohl und gepanzert und besitzt bei den meisten Arten einen großen, dorsalen Höcker mit einem langen (dem zweiten) Mandibelhaar. A. C. Oudemans[1]) hat das Tracheensystem gefunden und abgebildet (Fig. 80) und die Tracheenmündungen (Stigmen) an der Ventralseite der Mandibeln festgestellt. Oudemans hat nicht die Stigmen, wohl aber mehrere Verästelungen

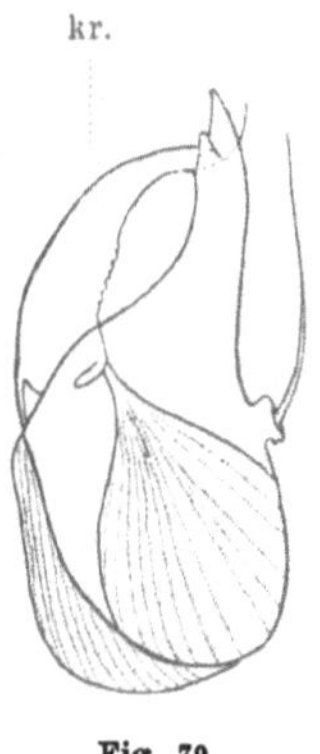

Fig. 79.
Mandibel (lateral) von **Labidostomma luteum** P. Kram. (nach P. Kramer).

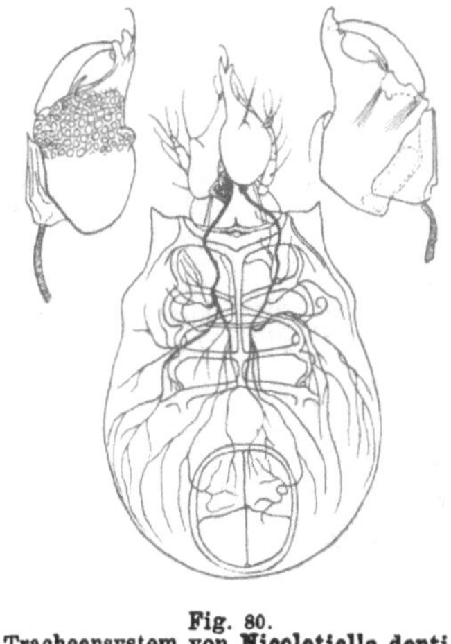

Fig. 80.
Tracheensystem von **Nicoletiella denticulata** (Schrank) (nach A. C. Oudemans).

der Tracheen im Maxillarorgan beobachtet, und es ist möglich, daß vielleicht auch die dorsalen porentragenden Höcker Respirationsmündungen vermitteln können. Man könnte bei diesen Höckern auch an Speichel- oder Giftdrüsen denken. Es gibt bei verwandten *Acarina* nichts entsprechendes (jedoch 1 Haar). Die innere Anatomie der *Nicoletiellidae* ist nicht erforscht. Die 4 Epimerenpaare nehmen im Anschluß an das Maxillarorgan einen großen Teil (etwa $^1/_3$) der Ventralseite ein (cfr. Fig. 84). Sie sind polygonal, annähernd rektangulär oder fünfeckig, stark chitinisiert und liegen dicht beisammen, auch in der Medianlinie, lassen sich aber durch die starken Ränder („Nähte“) deutlich voneinander unterscheiden. Sie besitzen wie der übrige Bauchpanzer eine ziemlich große Anzahl feiner Haare (im Ganzen mehr als 70 Paare). Die 4 Paar 6gliedrigen, mittellangen Beine sind einfach, schlank, stark gepanzert, ohne steife Borsten, mit feinen Haaren ziemlich wohl versehen. Mit Ausnahme des 1. Paares ist das letzte Glied das längste. Die Krallenbewehrung ist abweichend, indem die 6 hinteren Füße je 3 feine, gebogene, die beiden Vorderfüße je nur 2,

[1]) in: Zool. Anz., *v.* 29 p. 683—687.

etwas dickere, schwach gebogene Krallen besitzen, ohne entwickeltes Haftstück (Ambulacrum) oder Haarsohle (-Pulvillus). Sie erinnern also einerseits an gewisse Prostigmata, andererseits an Cryptostigmata. Die verschiedenen Arten der Familie stimmen im Bau sehr genau miteinander überein.

Die Eier werden teils an äußeren Gegenständen (namentlich in Moos) abgelegt, teils überwintern sie im Panzer des gestorbenen Muttertieres. Die 6beinigen Larven sind unbekannt. Die 8beinigen (mit 2 Paar Genitalnäpfen versehenen) Nymphen ähneln den Imagines, sind aber kleiner und viel schwächer chitinisiert; Seitenaugen klein, undeutlich. Bemerkenswert ist der Bau der beiden lateralen Höcker, die respiratorischen Stigmen bei anderen Gruppen (z. B. bei Mesostigmata) ähneln, jederseits je eine große Pore in einer Chitinplatte (Fig. 81). Hypothetisch ließe sich vielleicht annehmen, daß sowohl bei Erwachsenen wie bei Nymphen das laterale Höcker- (resp. Poren-) Paar eine respiratorische Funktion haben könnte; wenigstens gibt es bis jetzt keine andere bewiesene Annahme. Genital- und „Analgebiete" sind voneinander getrennt, mit weicheren Klappen und wenigen Haaren. Die von A. D. Michael abgebildete Nymphe (t. 6 f. 1) weicht von der meinigen etwas ab. Sie scheint sich in einem anderen Entwicklungsstadium zu befinden.

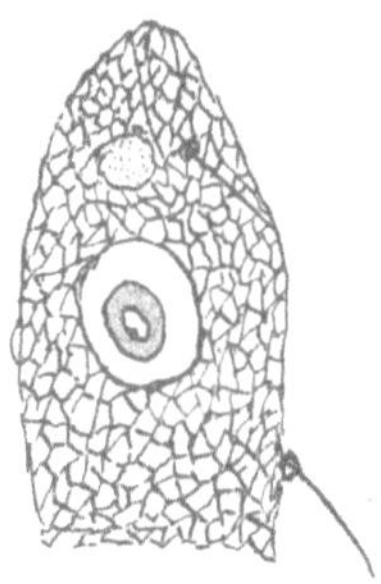

Fig. 81. Laterales Stigma und Seitenauge der Nymphe von **Nicoletiella denticulata** (Schrank) (nach Sig Thor).

Die systematische Stellung dieser Familie hat stark gewechselt. Von G. Canestrini wurden sie (1877, 1882, 1891) unter die Mesostigmata gestellt, während schon G. Haller (1882) sie lieber zu den Cryptostigmata zog. A. D. Michael („Brit. Orib." 1888) fand beide Einordnungen fast unmöglich. Nachdem A. C. Oudemans[1]) (1906) das Tracheensystem und die Stigmen in Verbindung mit den Mandibeln nachgewiesen hat, scheint es natürlicher, die Familie zur Ordo: Prostigmata zu rechnen und die Ordnung Stomatostigmata Oudemans 1906 (=Acrostigmata Ant. Berlese 1920) als eine Unterordnung oder Cohors der Prostigmata aufzufassen.

Da die *Nicoletiellidae* erst spät beschrieben und in der Literatur sparsam erwähnt sind, ist ihre geographische Verbreitung recht dürftig bekannt. Die meisten Arten wurden in Europa gefunden. Einzelne Funde zeigen jedoch, daß sie sowohl in Nord- und Central- als auch in Südamerika vorkommen, und Sig Thor besitzt selbst ein Exemplar aus Südafrika, von wo auch Trägårdh Exemplare besitzt. Es ist deshalb wahrscheinlich, daß sie viel mehr, als bis jetzt bekannt, über die Welt verbreitet sind. Sie scheinen wärmeliebende Tiere, vielleicht Reste einer früher weiter verbreiteten, älteren Tiergruppe zu sein.

1 Familie, 3 Gattungen, 9 Arten.

Bestimmungstabelle der Gattungen der *Nicoletiellidae:*

1a) Thorax vorn mit 1 Paar hervorragenden lateralen Hörnern (Cornua). Die polygonal gefelderte Panzerung des Rückens an einzelnen Stellen durch punktierte oder fein liniierte („fensterähnliche") Partien unterbrochen. Sinneshaare länger 2

[1]) in: Zool. Anz., *v.* 29 p. 633—637.

b) Thorax vorn abgestuft oder abgerundet, ohne hervorragende laterale Hörner. Rücken am häufigsten gleichförmig gepanzert und polygonal gefeldert, seltener mit kleinen „Fenstern". Sinneshaare relativ klein 1. Gen. **Labidostomma**

2a) Die dorsalen Ränder mit vielen, gleichgroßen „Tuberkeln" (Drüsenmündungen) in 2 Reihen geordnet; der unbewegliche Scherenarm (Grundglied) der Mandibel ohne Zähne und ohne „Tuberkel" 2. Gen. **Eunicolina**

b) Die dorsalen Ränder ohne hervortretende „Tuberkel"; der unbewegliche Mandibelarm (Grundglied) gezähnt und mit je einer großen „Tuberkel" 3. Gen. **Nicoletiella**

1. Gen. **Labidostomma** P. Kram.

1879 *L.*, P. Kramer in: Arch. Naturg., *v.* 45I p. 13 t. 2 f. 1 | 1880 *L.*, A. D. Michael in: J. Quekett Club, *v.* 6 p. 107 t. 6 f. 1 | 1882 *Labidostoma*, G. Haller in: Jahresh. Ver. Württemb., *v.* 38 p. 308 | 1882 *Nicoletiella*, G. & R. Canestrini in: Atti Ist. Veneto, ser. 5 *v.* 8 p. 918 | 1883 *Labidostoma* + *Nicoletiella*, Ant. Berlese in: Bull. Soc. ent. Ital., *v.* 15 p. 218 | 1883 *Labidostomma*, C. F. George in: J. post. micr. Soc., *v.* 2 p. 245 | 1887 *Nicoletiella*, Ant. Berlese, A. M. S., fasc. 36 nr. 7 | 1888 *Labidostoma*, A. D. Michael, Brit. Orib., *v.* 2 p. 589 | 1891 *Nicoletiella*, O. Stoll in: Biol. Centr.-Amer., Arach.-Acar. p. 27 t. 16 f. 1 | 1891 *N.*, G. Canestrini in: Atti Ist. Veneto, ser. 7 *v.* 2 p. 721 | 1892 *Labidostoma*, Trouessart in: Rev. Sci. nat. Ouest, *v.* 2 p. 46 | 1893 *Nicoletiella (= Labidostoma)*, Karpelles in: Math. termész. Közlem., *v.* 25 nr. 3 p. 26 | 1894 *Nicoletiella*, Supino in: Bull. Soc. Veneto-Trent., *v.* 5 p. 197 | 1904 *Labidostoma*, A. C. Oudemans in: Tijdschr. Ent., *v.* 46 p. 133 | 1904 *L.* + *Nicoletiella*, Trägårdh in: Zool. Anz., *v.* 27 p. 565 | 1911 *L.*, Ant. Berlese in: Redia, *v.* 7 p. 429 | ?1912 *L.*, C. F. George in: Naturalist London, p. 183 | 1913 *L.*, Ant. Berlese, Acarotheca Ital., fasc. 1 p. 137 f. A + B | 1914 *L.*, Trägårdh in: Ent. Tidskr., *v.* 35 p. 186 | 1915 *L.*, J. N. Halbert in: P. Irish Ac., *v.* 31 p. 94 | 1922 *L.*, M. Sellnick in: Ent. Mt., *v.* 11 p. 55 | 1929 *L.*, Sig Thor in: N. Mag. Naturv., *v.* 67 p. 185 t. 6 | 1929 *Labidostomma*, Vitzthum in: Tierw. Mitteleur., *v.* 3 p. VII 45.

Die Gattung *Labidostomma* läßt sich leicht von den anderen Mitgliedern der Familie unterscheiden. Die Haut ist beim Imago gewöhnlich, bei den bis jetzt beschriebenen Arten dorsal einförmig stark erhärtet und mit regelmäßiger, polygonaler Felderung („Maschenwerk" nach P. Kramer) versehen (Fig. 73). Nur selten finden sich an dieser Oberfläche punktierte „Fenster". Der Vorderrand des Thorax ist quer abgeschnitten oder abgerundet, ohne hervorragende, laterale Hörner, nur mit einem Mittelauge (Fig. 83). In den meisten übrigen Beziehungen weicht *L.* nicht vom allgemeinen Typus der Familie stärker ab. Die 2 Seitenhöcker und Seitenaugen und die dorsalen Mandibelhöcker treten gewöhnlich etwas schwächer hervor. Die Untersuchungen dieser Gattung sind nicht so zahlreich und eingehend wie in mehreren anderen Acarinenfamilien; sonst wären vielleicht mehrere feine Unterschiede, z. B. im Haarbesatz, Felderung, Punktierung, Mundorganen, Genitalfeld des Männchens usw. nachgewiesen, und mehrere Arten veröffentlicht. Man darf auch nicht sämtliche in der Literatur als *L. luteum* P. Kram. erwähnte Individuen als zu dieser Art gehörend betrachten. Der Name scheint bisweilen ziemlich unkritisch angewandt zu sein.

3 Arten.

Bestimmungstabelle der *Labidostomma*-Arten:

1a) Ein Paar Seitenhöcker dicht vor dem lateralen Augenpaar vorhanden. Die dorsale Körperhaut entweder ganz oder größtenteils polygonal gefeldert . 2

b) Die Seitenhöcker fehlen; das laterale Augenpaar vorhanden. Die dorsale Körperhaut größtenteils punktiert oder fein liniiert; nur am vorderen Drittel einzelne polygonal gefelderte Strecken; auch zwischen diesen sind gestreifte oder punktierte „Fenster". L. 570 μ . . . . 3. **L. högei**

2a) Das vordere Medianauge distal, ganz am Vorderrande sitzend. Die Seitenaugen ungefähr in derselben Höhe wie die stark hervortretenden Seitenhöcker („Tuberkel"). L. 600—700 µ . . . . 1. **L. luteum**

b) Das vordere, breite Medianauge nicht ganz distal, sondern etwas vom Vorderrande zurückgezogen. Die Seitenaugen mehr dorsal als die Seitenhöcker gelagert. L. 620 µ . . . . 2. **L. integrum**

1. **L. luteum** P. Kram. 1879 *L. l.*, P. Kramer in: Arch. Naturg., *v.* 45 I p. 13 t. 2 f. 1 a—i | 1880 *L. l.*, A. D. Michael in: J. Quekett Club, *v.* 6 p. 107 | 1882 *L. l.*, G. Haller in: Jahresh. Ver. Württemb., *v.* 38 p. 308 | 1883 *L. l.*, C. F. George in: J. post. micr. Soc., *v.* 2 p. 245 | ? 1887 *Nicoletiella lutea*. Ant. Berlese, A. M. S., fasc. 36 nr. 7 | 1894 *N. l.*, Supino in: Bull. Soc. Veneto-Trent., *v.* 5 p. 197 | ? 1904 *Labidostoma luteum*, Trägårdh in: Zool. Anz., *v.* 27 p. 565 | 1912 *L. l.*, C. F. George in: Naturalist London, p. 183 | 1915 *L. l.*, J. N. Halbert in: P. Irish Ac., *v.* 31 p. 94 | 1922 *L. l.*, M. Sellnick in: Ent. Mt., *v.* 11 p. 55 | 1929 *Labidostomma l.*, Vitzthum in: Tierw. Mitteleur., *v.* 3 p. VII 45.

Länglich oval (Fig. 75, 82), dunkelgelb; die 3 Körperabschnitte deutlich. Die 2 Paar spezifischer Sinneshaare sehr fein gefiedert. Haut stark erhärtet, mit zierlicher, polygonaler Felderung („Maschenwerk") und mit feiner radiärer

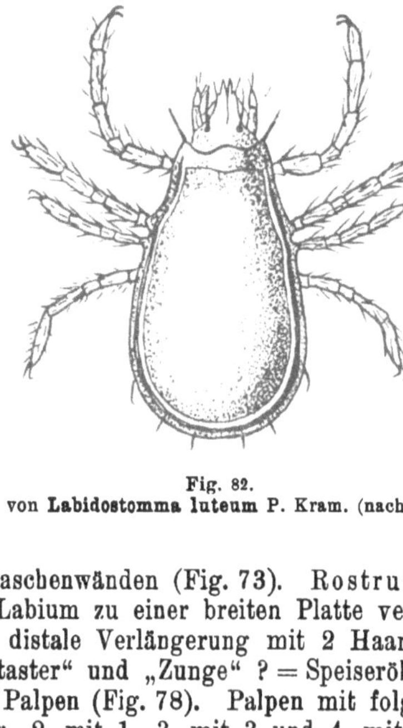

Fig. 82.
Dorsalseite von **Labidostomma luteum** P. Kram. (nach C. F. George).

Streifung in den Maschenwänden (Fig. 73). Rostrum 100 µ lang; ventral sind Maxillae und Labium zu einer breiten Platte verwachsen; diese Platte läuft vorn in eine distale Verlängerung mit 2 Haarpaaren und 2 blassen Anhängen („Lippentaster" und „Zunge" ? = Speiseröhre) aus und trägt die beiden 4-gliedrigen Palpen (Fig. 78). Palpen mit folgenden langen Haaren: 1. Glied mit 1 Haar, 2. mit 1, 3. mit 3 und 4. mit 5 Haaren, ganz nach dem gewöhnlichen Typus. Das 4. Glied ist klein und zugespitzt. Das außerordentlich mächtige 1. Mandibelglied (Fig. 79) besitzt dorsal den gewöhnlichen, jedoch hier relativ kleinen Höcker mit einem langen Haar, und endet distal in einer gabeligen Spitze (mit 1 Haar); in diese Spitze greift die mächtige Kralle (kr.) des beweglichen 2. Gliedes ein. Die Kralle besitzt in der Mitte etwa 7 (oder mehr) feine Zähne. Die Epimeren (Fig. 75) und die 6-gliedrigen, fein quergestreiften Beine bieten keine augenfälligen Unterschiede von anderen Arten dieser Familie. Die Beinglieder sind von P. Kramer nicht ganz richtig abgebildet. Die Behaarung der Dorsal- und der Ventralseite und des Genital- und Exkretionsfeldes ähnelt jener bei anderen Arten. Das gilt für die Weibchen. Über die Männchen liegen — so viel dem Autor bekannt — keine eingehenden Beobachtungen vor. L. 600—700 μ.

Europa (Deutschland, Italien, Österreich, England, Irland, Holland, Frankreich, Schweden); ob alle Angaben sich auf dieselbe Art beziehen, ist nicht sicher.

2. **L. integrum** Berl. ?1887 *Nicoletiella lutea*, Ant. Berlese, A. M. S., fasc. 36 nr. 7 | 1911 *Labidostoma integrum*, Ant. Berlese in: Redia, *v.* 7 p. 429 | 1913 *L. i.*, Ant. Berlese, Acarotheca Ital., fasc. 1 p. 138 f. A und B | 1922 *L. i.*, M. Sellnick in: Ent. Mt., *v.* 11 p. 55.

Diese Milbe (Fig. 83) unterscheidet sich von der vorhergehenden, nahestehenden Art besonders dadurch, daß das vordere „Medianauge" sehr breit und nicht ganz distal liegt, und daß die lateralen Augen mehr nach oben (dorsal) gerückt sind. Die feinen Zähne des beweglichen Mandibelgliedes sind etwas größer und zahlreicher (9). Die dorsale Haut ist ganz einförmig, polygonal gefeldert, ohne „Fenster". Vielleicht etwas kleiner als *L. luteum* P. Kramer. L. 620 μ; Br. 380 μ.

Italien (Umbrien).

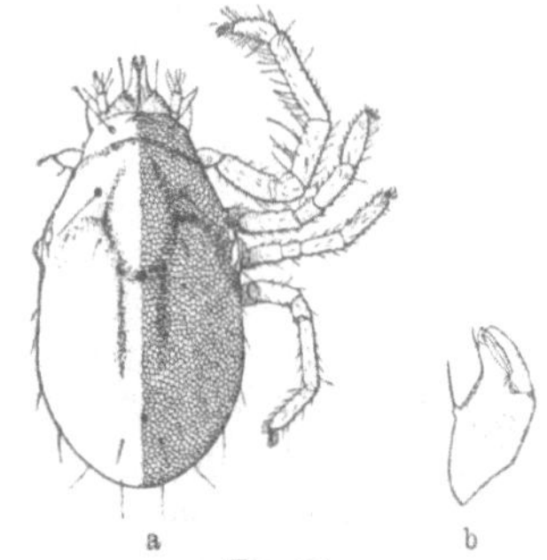

Fig. 83.
a) Habitus, b) Mandibel von **Labidostomma integrum** Berl. (nach Ant. Berlese).

3. **L. höegi** Sig Thor 1931 *Labidostoma h.*, Sig Thor in: Zool. Anz., *v.* 93 p. 57.

Unterscheidet sich von den beiden verwandten Arten erstens durch die Hautstruktur der Dorsalseite, die größtenteils punktierte oder fein gestreifte Haut zeigt. Nur am vorderen Drittel findet man die gewöhnliche polygonal

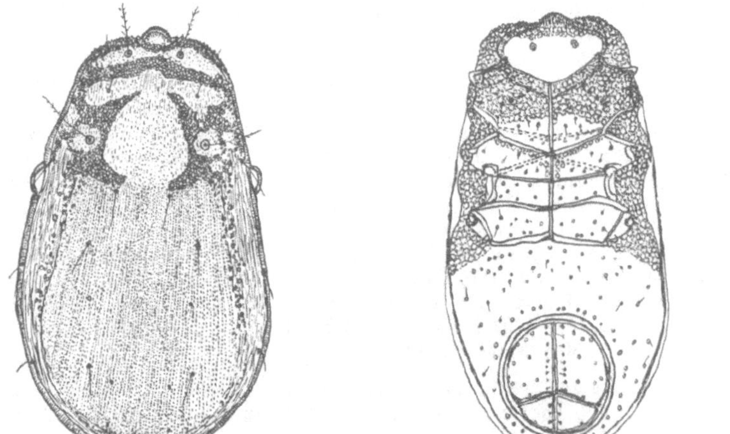

Fig. 84.
a) Dorsal- und b) Ventralseite von **Labidostomma höegi** Sig Thor (nach Sig Thor).

gefelderte Haut, jedoch auch hier mit großen, punktiert gestreiften „Fenstern" (Fig. 84 a). Die beiden feinen Sinneshaarpaare fein beborstet. Das Rostrum, sowohl die Maxillarplatte als die höckertragende Mandibel stark gepanzert, polygonal gefeldert, sonst nicht abweichend. Mandibellänge 168 μ; Höhe (Dicke)

83 μ; Breite ca. 60 μ. Die Ventralseite (Fig. 84b) ist ebenfalls schwach gepanzert, indem nur die Seitenwände neben den Epimeren und $^2/_3$ der 1. Epimere polygonal gefeldert, die übrigen Teile punktiert sind; zahlreiche feine Härchen. L. 570 μ; Br. (vor den Augen) 280 μ; größte Br. (hinten) 340 μ.

Südafrika (Port Elizabeth), in Moos.

2. Gen. **Eunicolina** Berl.

1911 *E.*, Ant. Berlese in: Redia, *v.* 7 p. 430 | 1922 *E.*, M. Sellnick in: Ent. Mt., *v.* 11 p. 55.

Diese Gattung zeichnet sich durch 2 laterale Reihen dorsaler Drüsenmündungen („Tuberkel") aus.

Typus: *E. tuberculata* Ant. Berlese.

1 Art.

1. **E. tuberculata** Berl. 1911 *E. t.*, Ant. Berlese in: Redia, *v.* 7 p. 430 | 1922 *E. t.*, M. Sellnick in: Ent. Mt., *v.* 11 p. 55.

Ockergelb; Körper breit, flaschenähnlich, vorn (distal) in kurzen, aber spitzen Hörnern (Cornua) vorgezogen; hinter den Schultern beiderseits mit einer stark chitinisierten Falte. Das vordere Medianauge an einem ziemlich hohen „Tuberkel" gelagert. Die beiden dorsalen Randreihen bestehen aus 25 Paar Tuberkel, die medialen (submarginalen) Reihen aus 6 Paaren. Das Mandibelbasalglied ohne Tuberkel und in der Spitze nicht gegabelt; das bewegliche Glied mit vielen Zähnen. L. 700 μ; Br. 470 μ.

Italien („Tiarno", Trient).

3. Gen. **Nicoletiella** R. Can.

1776 *Acarus*, Schrank, Beytr. Naturg., p. 125 t. 6 f. 8 | 1781 *A.*, Schrank, Enum. Ins. Austr., p. 520 | 1826 *Panoplia* (non Jac. Hübner 1816), C. Heyden in: Isis, p. 612 | ? 1834 *Raphignathus*, Ant. Dugès in: Ann. Sci. nat., ser. 2 *v.* 1 p. 15 | ? 1838 *Caligonus*, C. L. Koch, C. M. A., fasc. 20 nr. 20 | ? 1842 *Raphignatus*, C. L. Koch, Übers. Arach., fasc. 3 p. 56 | 1877 *Nicoletia* (non P. Gervais 1842), G. Canestrini & Fanzago in: Atti Ist. Veneto, ser. 5 *v.* 4 p. 120 t. 4 f. 2 | 1882 *Nicoletiella*, R. Canestrini in: Bull. Soc. Veneto-Trent., *v.* 2 p. 65 | 1883 *N.* + *Labidostoma*, Ant. Berlese in: Bull. Soc. ent. Ital., *v.* 15 p. 218 | 1885 *Panoplia*, Ant. Berlese in: ibid., *v.* 17 p. 128 | 1887 *Nicoletiella*, Ant. Berlese, A. M. S, fasc. 36 nr. 8 | 1888 *N.*, A. D. Michael, Brit. Orib., *v.* 2 p. 590 | 1891 *N.*, G. Canestrini in: Atti Ist. Veneto, ser. 7 *v.* 2 p. 721 | 1891 & 93 *N.*, O. Stoll in: Biol. Centr.-Amer., Arach.-Acar. p. IX, 27 | 1904 *Labidostoma*, A. C. Oudemans in: Tijdschr. Ent., *v.* 46 p. 134 | 1904 *Nicoletiella*, Trägårdh in: Zool. Anz., *v.* 27 p. 566 | 1913 *Ceratoacarus*, H. E. Ewing in: J. Ent. Zool., *v.* 5 p. 127 f. 3 | 1914 *Labidostoma*, Trägårdh in: Ent. Tidskr., *v.* 35 p. 186 | 1922 *L.*, M. Sellnick in: Ent. Mt., *v.* 11 p. 55 | 1929 *Nicoletiella*, Sig Thor in: N. Mag. Naturv., *v.* 67 p. 185 t. 6.

Die Gattung zeichnet sich durch die lateralen Höcker (Cornua) am Vorderrand des Thorax aus und unterscheidet sich von *Eunicolina* Ant. Berlese speziell durch die geringe Anzahl oder das vollständige Fehlen der lateralen dorsalen „Tuberkel", die selten klein und sparsam auftreten. Die anderen Organe sind ziemlich ähnlich gebaut. Jedoch zeigt die Dorsalfläche bei einzelnen Arten verschiedene Strukturen, bisweilen mit Gruben oder Furchen, bisweilen regelmäßig polygonal gefeldert, am häufigsten daneben mit einem größeren und 2 oder 4 kleineren punktierten oder fein liniierten „Fenstern".

Typische Art: *Nicoletiella denticulata* (Schrank).

Bisher nur 5 Arten bekannt.

Bestimmungstabelle der *Nicoletiella*-Arten:

1a) Ein Seitenhöckerpaar neben (hinter) dem Augenpaar vorhanden . . . 2
b) Ein Seitenhöckerpaar neben dem Augenpaar fehlt. L. 840 μ: 5. **N. brasiliensis**
2a) Ein dorsaler Mandibelhöcker mit Haar vorhanden 3
b) Ein dorsaler Mandibelhöcker mit Haar fehlt 4
3a) Ockergelb; Dorsalfläche polygonal gefeldert oder mit fein punktierten „Fenstern". L. 700—1200 μ . . . . 1. **N. denticulata**
b) Rotbraun; Dorsalfläche lederartig mit starken Längsstreifen und Punkten. L. 1560 μ . . . . 2. **N. pacifica**
4a) Körper breit oval; Seitenhöcker einfach, breit, niedrig. L. 750 μ: 3. **N. corcyraea**
b) Körper länglich oval, sehr klein; Seitenhöcker lang, stark und deutlich hervortretend. L. 500 μ . . . . 4. **N. neotropica**

1. **N. denticulata** (Schrank) 1776 „*Acarus corpore antice dentibus quatuor*", Schrank, Beytr. Naturg., p. 125 t. 6 f. 8 | 1781 *A. denticulatus*, Schrank, Enum. Ins. Austr., p. 520 | 1789 *A. d.*, Villers, Linn. Ent., *v.* 4 p. 76 | 1790 *A. d.*, J. F. Gmelin-Linné, Syst. Nat., ed. 13 *v.* 1 v p. 2933 | 1826 *Panoplia denticulata*, C. Heyden in: Isis, p. 612 | ? 1838 *Caligonus ruber*, C. L. Koch, C. M. A., fasc. 20 nr. 20 | ? 1842 *Raphignatus r.*, C. L. Koch, Übers. Arach., fasc. 3 p. 57 | 1877 *Nicoletia cornuta*, G. Canestrini & Fanzago in: Atti Ist. Veneto, ser. 5 *v.* 4 p. 120 t. 4 f. 2 | 1882 *Nicoletiella c.*, R. Canestrini in: Bull. Soc. Veneto-Trent., *v.* 2 p. 65 | 1882 *N. c.*, G. & R. Canestrini in: Atti Ist. Veneto, ser. 5 *v.* 8 p. 918, 919 t. 8 f. 1—10 | 1887 *N. c.*, Ant. Berlese, A. M. S., fasc. 36 nr. 8 | 1888 *N. c.*, A. D. Michael, Brit. Orib., *v.* 2 p. 590 | 1893 *N. c.*, Karpelles in: Math. termész. Közlem., *v.* 25 nr. 3 p. 26 | ? 1894 *N. lutea*, Supino in: Bull. Soc. Veneto-Trent., *v.* 5 p. 197 | 1904 *Labidostoma denticulatum*, A. C. Oudemans in: Tijdschr. Ent., *v.* 46 p. 132 | 1904 *Nicoletiella cornuta*, Trägårdh in: Zool. Anz., *v.* 27 p. 565 | 1906 *Labidostoma denticulatum*, A. C. Oudemans in: Zool. Anz., *v.* 29 p. 635 | 1922 *L. cornutum*, M. Sellnick in: Ent. Mt., *v.* 11 p. 55.

Körper (Fig. 80) groß, lang eiförmig, etwa 2 mal länger als breit; ockergelb oder grünlichgelb mit helleren Beinen. Thorax nicht oder schwach vom Abdomen abgesetzt, vorn mit den häufig beschriebenen beiden lateralen Hörnern (um 4 Hörner zu zählen muß man die zwei Mandibelhöcker mitrechnen). Sonst ähnelt diese Art in vielen Beziehungen anderen, ebenfalls *L. luteum* P. Kramer; jedoch ist die dorsale Skulptur etwas verschieden, indem *N. denticulata* in der polygonalen Felderung mehrere „Fenster" zeigt, besonders hinter den Sinneshaaren: 2 kleinere dreieckige, feingestreifte Felder und weiter hinten ein großes, gestreiftes oder punktiertes Feld. Indessen variieren diese Bildungen bei verschiedenen Individuen, wahrscheinlich nach Alter, Lokalitäten usw.; weitere genauere Untersuchungen werden vielleicht mehrere Arten nachweisen können. Dorsale, abdominale Haare etwa 20, ventrale Härchen zahlreicher, in Präparaten als feine Poren hervortretend.

Beine und Epimeren wie in der Familie gewöhnlich. Am Maxillarorgan finden sich nur geringe Unterschiede, indem die stark chitinisierte Maxillarplatte mehr oder weniger nach vorn verlängert ist, die Mandibularhöcker gewöhnlich von mittlerer Größe, und die feinen Zähne des beweglichen Mandibulargliedes wenige und klein sind.

Schon von G. & R. Canestrini 1882 wurde der geschlechtliche Unterschied deutlich nachgewiesen, indem beim Männchen (Fig. 76♂) das äußere Genitalorgan vom Exkretionsorgan getrennt ist, während bei den Weibchen (Fig. 76♀) beide in einem gemeinsamen Feld vereinigt und von einem Chitinring umgeben sind. L. 750—1200 μ; Br. 400—550 μ.

Europa (Italien, Frankreich, Österreich, Deutschland, Norwegen, ?England).

2. **N. pacifica** (H. E. Ewing) 1913 *Ceratoacarus pacificus*, H. E. Ewing in: J. Ent. Zool., *v.* 5 p. 127 f. 3.

Sehr groß, breit eiförmig, vorn zugespitzt; dunkel rotbraun. Haut lederartig, körnig punktiert, (nach der Figur) mit Längsfurchen (Fig. 85). Sämtliche Hörner lang, dünn; Medianauge etwas nach hinten, Seitenaugen etwas

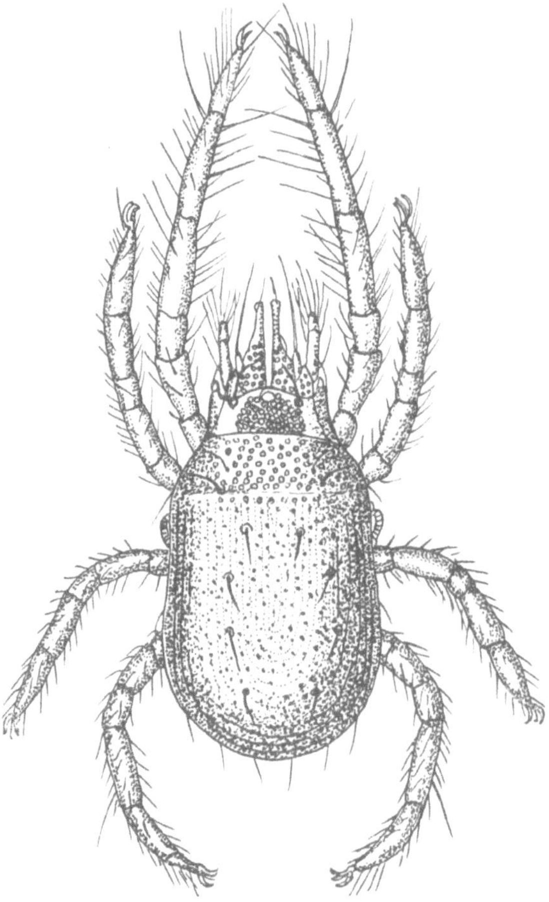

Fig. 85.
Nicoletiella pacifica (H. E. Ewing) (nach H. E. Ewing).

nach oben (dorsal) gerückt. Thorax hinten ganz mit dem Abdomen (ohne Grenze) verwachsen. Genital- und Exkretions- („Anal"-) öffnungen bei Männchen und Weibchen ganz wie bei *N. denticulata* (Schrank), mit welcher die Art sehr nahe verwandt ist. L. 1560 µ; Br. 800 µ.

Nordamerika (Oregon).

3. **N. corcyraea** (Berl.) 1911 *Labidostoma corcyraeum*, Ant. Berlese in: Redia, *v.* 7 p. 429.

Mittelgroß, breit oval; ockergelb. Dorsalseite mit 2 fein gestreiften Feldern, das vordere dreieckig, das hintere hufeisenförmig. Seitenhöcker einfach, klein. Mandibularhöcker fehlen. Aus der knappen Beschreibung (ohne Fig.) muß hervorgehoben werden, daß die distalen Gabelzweige des unbeweglichen Mandibelgliedes von sehr ungleicher Länge sind, und daß das bewegliche Glied am Grunde einen großen Zahn, dann 7—8 mittelgroße und dann einige ganz kleine Zähne besitzt. L. 750 μ; Br. 480 μ.

Insel Corcyra.

4. **N. neotropica** O. Stoll 1891 & 93 *N. n.*, O. Stoll in: Biol. Centr.-Amer., Arach.-Acar. p. IX, 27 t. 16 f. 1 | 1922 *Labidostoma neotropicum*, M. Sellnick in: Ent. Mt., *v.* 11 p. 55 f.

Sehr klein, schmal eiförmig, vorn zugespitzt (Fig. 86); blutrot. Nach der Fig. (t. 16 f. 1) fehlen die lateralen Hörner, nach der Beschreibung sind solche vorhanden. An Stelle des fehlenden Mandibularhöckers sind dorsal 6 deutliche Zähne vorhanden. Das bewegliche Glied besitzt fast basal einen größeren doppelspitzigen Zahn und dann 6—8 kleinere Zähne. Die Seitenhöcker sind sehr lang, stark und deutlich hervortretend. L. 500 μ.

Zentralamerika (Retalhuleu).

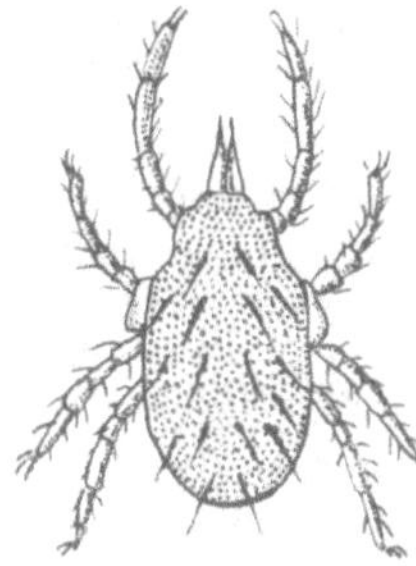

Fig. 86.
Nicoletiella neotropica O. Stoll
(nach O. Stoll).

Fig. 87.
Nicoletiella brasiliensis (M. Sellnick)
(nach M. Sellnick).

5. **N. brasiliensis** (M. Sellnick) 1922 *Labidostoma brasiliense*, M. Sellnick in: Ent. Mt., *v.* 11 p. 55 f.

Groß, nach vorn stark in der Breite abnehmend (Fig. 87); gelb bis olivgrün, die Grundglieder des 1. Beinpaares dunkelolivgrün. Dorsalfläche des Körpers vielfach gefurcht, besonders drei flache Längsgruben und hinten zwei rundliche Eindrücke fein punktiert. Seitenhöcker fehlen (Fig. 87). Das vordere Sinneshaarpaar sehr lang und vorn beborstet. Übrige Haare des Körpers, Mandibelhöcker usw. nicht abweichend. L. (ohne Mandibeln) 840 μ; Br. (an den Schultern) 275 μ ($^1/_3$ der Länge), hinter dem 4. Beinpaar: 460 μ ($^1/_2$ der Länge).

Südamerika (Brasilien: Passa Quatro, Sul de Minas).

3. Fam. **Cryptognathidae**

1879 *Cryptognathus*, P. Kramer in: Arch. Naturg., *v.* 45ɪ p. 154 t. 8 f. 10—15 | 1882 *Tetranychidae*, G. Haller in: Jahresh. Ver. Württemb., *v.* 38 p. 313 | 1885 *Cryptognathus*, Ant. Berlese, A. M. S., fasc. 22 nr. 9 | 1885 *Bdellini*, G. Canestrini in: Atti Ist. Veneto, ser. 6 *v.* 3 p. 1682 | 1891 *Raphignathidae*, G. Canestrini in: Atti Ist. Veneto, ser. 7 *v.* 2 p. 712 | 1892 *Bdellinae*, Trouessart in: Rev. Sci. nat. Ouest, *v.* 2 p. 45 | 1893 *Raphignathidae*, Ant. Berlese, A. M. S., Prost. p. 50 | 1902 *Cryptognathidae*, A. C. Oudemans in: Tijdschr. Ent., *v.* 45 Versl. p. 59 | 1904 *Cryptognathinae*, A. C. Oudemans in: ibid., *v.* 46 p. 99 | 1909 *Cryptognathidae*, A. C. Oudemans in: ibid., *v.* 52 p. 60 | 1915 *Raphignathidae*, J. N. Halbert in: P. Irish Ac., *v.* 31 p. 114 | 1916 *Cryptognathus*, Ant. Berlese in: Redia, *v.* 12 p. 132 | 1918 *Raphignathinae*, J. E. Hull in: Tr. nat. Hist. Soc. Northumb., n. ser. *v.* 5 p. 30 | 1922 *Raphignathidae*, Schweizer in: Verh. Ges. Basel, *v.* 33 p. 79 | 1923 *Cryptognathidae*, A. C. Oudemans in: Tijdschr. Ent., *v.* 66 p. 74 | 1929 *C.*, Sig Thor in: N. Mag. Naturv., *v.* 67 t. 7 | 1929 *C.*, Vitzthum in: Tierw. Mitteleur., *v.* 3 p. vɪɪ52.

Sehr kleine, gepanzerte, prostigmatische Geacarina mit polygonal gefelderter und punktierter Hautbedeckung. Das relativ große Abdomen vom kleinen Thorax nicht deutlich getrennt. Thorax mit 2 Paar Augen und wenigen kleinen Haaren. Sämtliche Epimeren und 6gliedrigen Beine sitzen weit vorn, dicht hinter dem Rostrum. An jedem Beinende ein Ambulacrum mit 2 Krallen und (anstatt des „Pulvillus") gebogenen Haaren. „Anal"-(Exkretions-)öffnung am hinteren Körperende; Genitalöffnung ventral, klein, ohne Genitalnäpfe.

Das wichtigste Charaktermerkmal der Familie liegt in der Struktur und Lagerung des Rostrum und der Mundorgane. Das lange, schlanke Rostrum wird vorn von einer durchsichtigen, aber fest chitinisierten, röhrenförmigen („flaschenähnlichen") Hülle eingeschlossen und kann hier weit nach vorn hervorgestoßen und umgekehrt weit nach hinten tief in den Körper hineingezogen werden. Auf diese Weise liegen die Mundorgane, wenn sie nicht in Tätigkeit sind, wohl geschützt und verborgen. Während bei den Bdelliden die Mandibeln in einer dorsal offenen Rinne liegen, ist bei den *Cryptognathidae* die röhrenähnliche Hülle ventral offen, dorsal verschlossen. Die kleinen, scherentragenden Mandibeln sind an der Mitte des vorstreckbaren Rostrum oder weiter hinten, und die 5gliedrigen Palpen am distalen Ende desselben befestigt (Fig. 90).

Da es nur eine Gattung gibt, werden einige weitere Angaben über den äußeren Bau bei der Beschreibung dieser Gattung gegeben.

Die sehr kleinen roten Milben leben an der Erde in Moos, unter Steinen usw. Sie legen Eier. Über die Entwicklung, die Nahrung, die innere Anatomie usw. ist recht wenig bekannt.

1. Gen. **Cryptognathus** P. Kram.

1879 *C.*, P. Kramer in: Arch. Naturg., *v.* 45I p. 154—156.

Derselbe Gattungsname wird von den folgenden Autoren benutzt, weshalb eine Wiederholung der späteren Autornamen überflüssig wird.

Die äußere Chitinhaut dieser winzigen Milben hat eine doppelte Struktur, indem sie sowohl polygonal gefeldert (Fig. 88) als auch punktiert ist. Bei einigen tritt die Punktierung stärker hervor und die Felderung verschwindet mehr oder weniger, häufiger umgekehrt. Die Segmentierung des Körpers ist häufig ganz undeutlich [abgesehen von der Mundröhre] (Fig. 93).

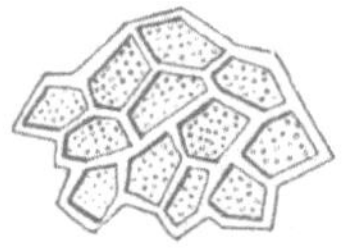

Fig. 88.
Felderung der Cuticula von **Cryptognathus lagena** P. Kram. (nach Ant. Berlese).

Fig. 89.
Hinterende des Körpers (ventral) mit Genital- und Analfeld von **Cryptognathus lagena** P. Kram. (nach Ant. Berlese).

Der Thorax hat 2 Augenpaare (Fig. 93) und 3—4 laterale, kleine Haarpaare; die beiden Augen jeder Seite sitzen dicht beisammen. Das Abdomen hat 4—5 laterale Haarpaare und 2 mehr mediane Paare; die Punktierung tritt lateral am stärksten hervor. Am Hinterrande tritt die doppelt 2klappige „Anal"-(Exkretions-)öffnung sowohl dorsal als ventral deutlich hervor (Fig. 89).

Fig. 90.
Rostrum von **Cryptognathus lagena** P. Kram. (nach Ant. Berlese).

Fig. 91.
Mandibel (lateral) von **Cryptognathus lagena** P. Kram. (nach Ant. Berlese).

Etwas mehr ventral liegt die kleine, umgekehrt herzförmige, 2klappige Genitalöffnung, von 3—4 kleinen Haarpaaren umgeben. Sonst kommen an der ganz gefelderten Ventralfläche äußerst wenige Haare vor. Die Epimeren sind sehr klein, ganz lateral und schließen dicht an die Mundröhre an. Diese darf als ein Epistom betrachtet werden, ist aber im Gegensatz zu den Bdelliden ventral offen, dorsal stark verlängert und mit rundlichen, chitinisierten Areolen deutlich versehen. Die rostrale Bildung ist 170 µ lang, (mit den Palpen) von fast halber Körperlänge (Fig. 90) und kann bis in die Körpermitte hineingezogen werden (erinnert insofern an mehrere Mesostigmata). Die beiden, dorsal sitzenden Mandibeln (Fig. 91) sind lang und tragen je an der Spitze eine Schere mit fast geraden, spitzen, ungezähnten Scherenarmen, die vorzüglich als Stechorgane wirken dürfen. Die Tracheen münden (nach P. Kramer) durch Stigmen an der Einlenkungsstelle der Mandibeln.

Fig. 92. Palpe von **Cryptognathus lagena** P. Kram. (nach Ant. Berlese).

Die rostrale Spitze ist in mehrere zugespitzte, mit wenigen Haaren versehene Zipfel gespalten. An den Seiten sitzen die 5 gliedrigen, fast unbehaarten, einfachen Palpen (Fig. 92). Das 2. Glied der acht 6 gliedrigen Beine ist etwas geschwollen, die anderen in der Hauptart ziemlich einfach und nicht besonders charakteristisch, mit ganz wenigen kleinen Haaren und 2 kralligen Endgliedern. Dicht vor den Krallen und Endhaaren sitzen dorsal in Papillen 2 feine, längere Haare, wahrscheinlich Tasthaare. Besonders die eigenartige Struktur des Rostrum, der Mandibeln und der Mundröhre hat verschiedene Annahmen über die Familienzugehörigkeit dieser kleinen Acarina hervorgerufen.

Typus: *C. lagena* P. Kram.

2 Arten, 1 Varietät.

Bestimmungstabelle der *Cryptognathus*-Arten:

1 a) Sowohl die dorsale als auch die ventrale Haut (relativ dünn) polygonal gefeldert und nur mit sehr feinen Punkten. Beine sehr einfach, schlank, wenige Glieder geschwollen. L. 350—400 μ . . . . **1. C. lagena**

b) Die Ventralseite und teilweise die Dorsalseite ohne Felderung und mit dicker, stark chitinisierter und stark punktierter Haut. Beine dicker, mehrere Glieder geschwollen. L. 300 μ . . . . **2. C. cucurbita**

1. **C. lagena** P. Kram. 1879 *C. l.*, P. Kramer in: Arch. Naturg., *v.* 45 I p. 154 t. 8 f. 10—15 | 1882 *C. l.*, G. Haller in: Jahresh. Ver. Württemb., *v.* 38 p. 313 | 1885 *C. l.*, Ant. Berlese, A. M. S., fasc. 22 nr. 9 | 1885 *C. l.*, G. Canestrini in: Atti Ist. Veneto, ser. 6 *v.* 3 p. 1682 | 1915 *C. l.*, J. N. Halbert in: P. Irish Ac., *v.* 31 p. 114 | 1918 *C. l.*, J. E. Hull in: Tr. nat. Hist. Soc. Northumb., n. ser. *v.* 5 p. 30 | 1922 *C. l.*, Schweizer in: Verh. Ges. Basel, *v.* 33 p. 79 | 1929 *C. l.*, Vitzthum in: Tierw. Mitteleur., *v.* 3 p. VII 52.

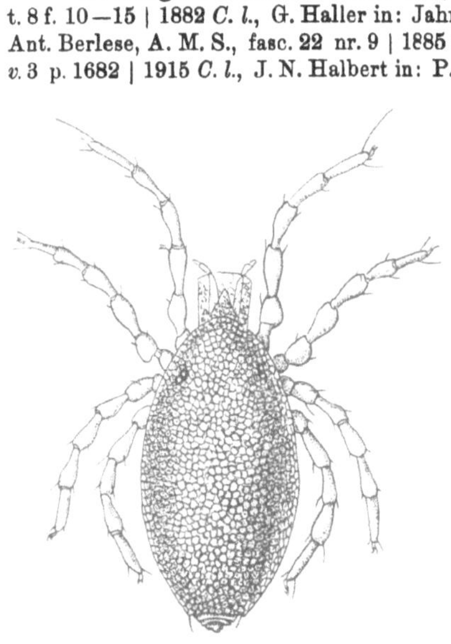

Fig. 93. **Cryptognathus lagena** P. Kram. (nach Ant. Berlese).

Körper elliptisch (Fig. 93); scharlachrot mit helleren Beinen. Mundröhre (Epistom) hyalin, mit deutlichen Areolen. Mandibeln 80—100 μ lang, mit schlanker, 25 μ langer Schere. Die Längen der Palpenglieder (Fig. 92): 1. Glied 8 μ; 2. 35 μ; 3. 30 μ; 4. 20 μ; 5. 10 μ. Das letzte Glied hat etwa 6—8 feine Härchen von Gliedlänge, die anderen je 1 oder keine Haare. Das 1. und 4. Beinpaar sind etwa 200 μ lang, die anderen wenig kürzer. Die Glieder tragen je nur 2, 4, 6 oder 7 Haare; nur das letzte Glied hat etwas mehr. Die umgekehrt herzförmige Genitalöffnung hat eine Länge von 35 μ und eine Breite von 30 μ; sie ist nur 40 μ vom hinteren Körperrande entfernt (Fig. 89). L. 350—400 μ; Br. 200—220 μ.

Die Jugendstadien sind nicht beschrieben.

Europa (Deutschland, Holland, die Schweiz, Italien, Frankreich, England, Irland, Norwegen); in Moos, unter Steinen usw. Das Tier dürfte nicht selten sein, wahrscheinlich wegen der geringen Größe häufig übersehen.

2. **C. cucurbita** Berl. 1916 *C. c.*, Ant. Berlese in: Redia, *v.* 12 p. 132.

Klein. Körperform und Farbe wie bei *C. lagena* P. Kram. Hypostom ziemlich groß. Die Haut stärker chitinisiert und gröber punktiert; besonders fehlt eine polygonale Felderung an der Ventralseite und an der Mitte der Dorsalseite, wo ein medianes Band dicht punktiert ist. Die Beine sind dicker und stärker entwickelt, die Glieder mehr geschwollen, wodurch ein perlschnurähnliches Aussehen vorgetäuscht wird. Das 1. Bein ist etwa 210 μ lang. L. 300 μ; Br. 161 μ.

Italien (Sardinien, bei *Bosa*).

2a. **C. c.** var. **subnitida** Berl. 1916 *C. c.* var. *subnitidus*, Ant. Berlese in: Redia, *v.* 12 p. 133.

Unterscheidet sich von der Nominatform durch mehr gefelderte Hautstruktur und undeutlichere Punktierung. Kleiner. L. 265 μ; Br. 145 μ.

Afrika (Somaliland).

Alphabetisches Register

Nomenclator generum et subgenerum

von W. F. Reinig

Acarus Linné, Syst. Nat., ed. 10 p. 615. 1758. Sp.: *A. elephantinus, aegyptius, reduvius, americanus, sanguisugus, ricinus, cancroides, scorpioides, crassipes, passerinus, motatorius, aphidioides, coleoptratus, telarius, siro, exulcerans, geniculatus, aquaticus, holosericeus, baccarum, muscarum, batatas, gymnopterorum, coleoptratorum, rupestris, longicornis, littoralis, fungorum, scaber, salicinus, croceus.*

Ammoconia [pro: *Ammonia* C. L. Koch 1842] R. Lucas in: Arch. Naturg., *v.* 67II p. 1450. 1905. Sp.: *A. brevirostris.*

Ammoconia J. Lederer, Noctuin. Eur., p. 33, 97. 1857. Lep. Noctuid.

Ammonia [pro: *Amonia* C. L. Koch 1835] C. L. Koch, Übers. Arach., fasc. 3 p. 75. 1842. Sp.: *A. chloropus, cruciata, megacephala, latirostris, leucocephala.*

Ammonia [J. Hill, 1752] A. N. Hermannsen, Indicis Gen. Malac. Suppl., p. 6. 1852. Moll. Gastr.

Amonia C. L. Koch, C. M. A., fasc. 5 nr. 7. 1835.

Bdella Latreille in: Mag. enc., *v.* 4 p. 18. 1795. Sp.: „la pince rouge de Geoffroy".

Bdellidium pro: *Scirus* Hermann 1804. A. C. Oudemans in: Ent. Ber. Nederl. Ver., *v.* 7 p. 449. 1929. Sp.: *B. vulgaris.*

Bella [pro: *Bdella* Latreille 1795] A. S. Pearse in: Bull. Wisconsin Soc., n. ser. *v.* 12 p. 77. 1914.

Biscirus Sig Thor in: Zool. Anz., *v.* 42 p. 28. 1913. Sp.: *B. norvegicus, silvaticus.*

Caligonus C. L. Koch, C. M. A., fasc. 5 nr. 9. 1835.

Caligorius [pro: *Caligonus* C. L. Koch 1835] Taschenberg, Bibl. zool. Verz., *v.* 2 p. 1271. 1889.

Caligous [pro: *Caligonus* C. L. Koch 1835] P. Kramer in: Z. Naturw., *v.* 51 p. 533. 1878.

Ceratoacarus H. E. Ewing in: J. Ent. Zool., *v.* 5 p. 127. 1913. Sp.: *C. pacificus.*

Chelifer non bin. L. Geoffroy, Hist. Ins., *v.* 2 p. 617. 1762.

Cryptognathus P. Kramer in: Arch. Naturg., *v.* 45I p. 156. 1879. Sp.: *C. lagena.*

Cyta C. Heyden in: Isis, [*v.* 18] p. 608. 1826. Sp.: *C. latirostris.*

Eunicolina Ant. Berlese in: Redia, *v.* 7 p. 430. 1911. Sp.: *E. tuberculata.*

Eupalus C. L. Koch, C. M. A., fasc. 20 nr. 21. 1838.

Hoplomolgus subgen. Ant. Berlese in: Redia, *v.* 15 p. 239. 1923. Sp.: *Molgus (H.) peragilis, tuberculatus, obsoletus, sublimis, thorianus, opimus, venustus.*

Labidostoma [pro: *Labidostomma* P. Kramer 1879] G. Haller in: Jahresh. Ver. Württemb., *v.* 38 p. 308. 1882. Sp.: *L. luteum.*

Labidostomma P. Kramer in: Arch. Naturg., *v.* 45I p. 13. 1879. Sp.: *L. luteum.*

Leptus Lamarck, Hist. An. s. Vert., ed. 2 *v.* 5 p. 62. 1838. Sp.: *L. autumnalis, insectorum, cornutus, latirostris.*

Molgus (nom. nud.) Dujardin in: Institut, *v.* 10 nr. 454 p. 316. 1842.

Molgus Andr. Murray, Econ. Ent. Apt., p. 143. 1877. Sp.: *M. longicornis.* Fide Trouessart in: J. Anat. Physiol. Paris, *v.* 30 p. 118. 1894.

Molgus subgen. Ant. Berlese in: Redia, *v.* 15 p. 237. 1923. Sp.: *Molgus (M) littoralis.*

Nicoletia G. Canestrini & Fanzago in: Atti Ist. Veneto, ser. 5 *v.* 4 p. 120. 1877. Sp.: *N. cornuta.*

Nicoletia P. Gervais in: Ann. Soc. ent. France, *v.* 11 Bull. p. 47. 1842. Thys.

Nicoletiella R. Canestrini in: Bull. Soc. Veneto-Trent., *v.* 2 p. 64. 1882. Sp.: *N. cornuta.*

Odontoscirus subgen. Sig Thor in: Zool. Anz., *v.* 42 p. 29. 1913. Sp.: *Biscirus (O.) virgulatus.*

Panoplia C. Heyden in: Isis, [*v.* 18] p. 612. 1826. Sp.: *P. denticulatus.*

Panoplia Jac. Hübner, Verz. Schmett., p. 393. 1816. Lep.

Raphignathus Ant. Dugès in: Ann. Sci. nat., ser. 2 *v.* 1 p. 15. 1834. Sp.: *R. ruberrimus, lapidum.*

Raphignatus [pro: *Raphignathus* Ant. Dugès 1834] C. L. Koch, Übers. Arach., fasc. 3 p. 56. 1842. Sp.: *R. lapidum, ruberrimus, ruber.*

Scirus J. F. Hermann, Mém. apt., p. 60. 1804. Sp.: *S. vulgaris, longirostris, latirostris, setirostris.*

Spinibdella Sig Thor in: Zool. Anz., *v.* 92 p. 22. 1930. Sp.: *S. reducta.*

Trachymolgus Ant. Berlese in: Redia, *v.* 15 p. 242. 1923. Sp.: *T. nigerrimus.*

Kolibri 360 GmbH
Ferdinand-Jühlke-Straße 7
99095 Erfurt, Deutschland
produktsicherheit@kolibri360.de